缝纫学园

SEWING TECHNIQUES

图解局部缝纫技巧

[日] 太田秀美 编著　　谌思溪　张孝宠　李盈盈　吴凯笛 译

上海科学技术出版社

图解局部缝纫技巧

[日] 太田秀美 编著　谌思湲　张孝宠　李盈盈　吴凯笛 译

上海科学技术出版社

图书在版编目（CIP）数据

图解局部缝纫技巧 /（日）太田秀美编著；谌思渥等译 . —上海：上海科学技术出版社 , 2017.5

（缝纫学园）

ISBN 978-7-5478-3511-1

Ⅰ . ①图… Ⅱ . ①太… ②谌… Ⅲ . ①服装缝制 – 图解 Ⅳ . ① TS941.634-64

中国版本图书馆 CIP 数据核字（2017）第 067259 号

图解局部缝纫技巧

[日] 太田秀美　编著

谌思渥　张孝宠　李盈盈　吴凯笛　译

上海世纪出版股份有限公司
上海 科 学 技 术 出 版 社　出版

（上海钦州南路 71 号　邮政编码 200235）

上海世纪出版股份有限公司发行中心发行

200001　上海福建中路 193 号　www.ewen.co

上海中华商务联合印刷有限公司印刷

开本 889×1194　1/16　印张 6

字数：200 千字

2017 年 5 月第 1 版　2017 年 5 月第 1 次印刷

ISBN 978-7-5478-3511-1/TS·205

定价：39.80 元

看上去不难，却一直没能做成功的衣襟;尝试过，却无法美观地缝好的口袋……本书可以帮你解决这样的烦恼。不论是缝纫的初学者，还是高手，都可以将本书放在缝纫机旁边参考。将这本拉链、开衩、口袋、衣领、腰带等15个局部缝纫特辑掌握在手，和作者一起来尝试这些能提高自己服装制作能力的小技巧吧。

---- 享受缝纫乐趣的小贴士 ----

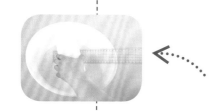

· 工作台的清洁和整理
如果桌子或缝纫机上乱七八糟，小零件、附属品、道具等无法快速找到，就会影响效率，所以工作台应保持整洁。

· 清洗尺子
制作服装纸样时，笔会弄脏尺子，进而会污染面料，所以要经常清洗尺子。

· 保持熨斗的清洁
如不小心烫焦了面料，再继续使用沾着附着物的熨斗，会弄脏作品。用湿毛巾擦一下预热好的熨斗，就能达到清洁的效果。

· 休息和运动
缝纫时很容易入迷，但要注意休息和活动身体。在困惑和停滞不前时更需如此。

· 平和的心情
如果惴惴不安或者心情烦躁，更容易歪斜面料、扭曲针脚，应该以淡定的心情来对待缝纫。当然，对任何事物都应如此。

目录

PART10
单止口袋 II

52

PART11
两侧穿橡皮筋的腰带

57

PART12
有开衩的袖子

61

PART13
有贴边线的开衩领口

66

PART14
帽肩袖的缝法

71

PART15
飘带领

76

PART16
来去缝法缝制侧缝袋

80

PART17
有衬裙的裙子拉链

84

PART18
有里衬的后背开衩

89

PART1
隐形拉链的开口

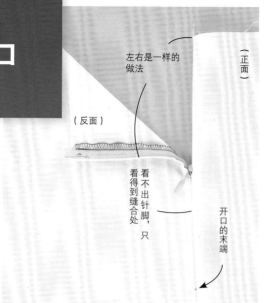

（反面）

左右是一样的做法

（正面）

看不出针脚，只看得到缝合处

开口的末端

隐形拉链开口的构造

隐形拉链的特征是链齿部分呈圆珠形，拉链的针脚在正面是看不见的，形成自然的缝缉。虽然隐形拉链可用在各个部位，但对于初学者推荐尽量在直线部分使用，曲线弧度很大的身体侧面或者大幅收腰设计的后中缝装拉链会较难。此外，因为针脚不会显露出来，隐形拉链用在正装上也很适合。在不熟练的时候，建议使用不过分厚也不过分薄的面料，并在直纹上使用，以降低缝制的难度。一般市面上出售的隐形拉链的长度有 22 cm、56 cm 和 70 cm 3 种。

各部分的名称

正面

拉头
拉锁
拉链的布边

反面

拉锁
链齿
可调节的止口

拉链的长度和面布的裁剪方法

下面以 22 cm 的隐形拉链为例进行解说。购买拉链时请一定要注意长度！准备比开口长 3 cm 左右的拉链为佳，如过长可以在最后将多余的部分剪掉。安装拉链时要预留 1.5 cm 的缝份。上端为短裙的腰部，要预留 1 cm 的缝份。开口部分要预先用牵条贴好。

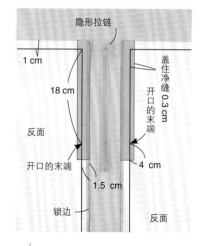

隐形拉链
1 cm
18 cm
反面
开口的末端
1.5 cm
锁边
盖住净缝 0.3 cm
开口的末端
4 cm
反面

隐形拉链专用压脚板

缝纫机缝制隐形拉链时专用的压脚板。压脚板凹进去的部分可以使圆珠形的链齿自动立起来，从而方便缝制。

隐形拉链专用压脚板
有工业用、家庭用两种

要点

在开口的部分贴上牵条，有了它的辅助，缝纫会变得容易，就算需要重新缝也不伤面料。另外，在缝制的时候，在开口末端处会受力，牵条长度要超过末端。选用直线型牵条。为了加强缝合处，牵条贴到净缝以内 0.3 cm 的地方为止。

基本做法

① 开口部分要用粗针距，开口末端以下的部分用普通针距缝制

装拉链的开口部分，要把缝纫机调成粗针距再开始缝制，缝到开口末端时再调回普通针距，先往回缝2~3针然后再继续往下缝。

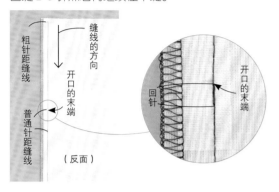

② 烫开缝份

③ 剪断开口末端的线

把开口末端正上方的线剪断。这是为了松开粗针距的缝纫线，但并不立即开，可剪断上线或下线中任意一根，线留在原地不动。

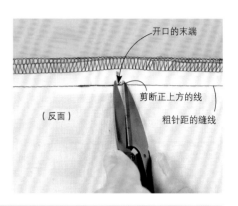

④ 将拉链固定到缝份上

将拉链与面布的缝份重叠。拉锁的上端要固定在净缝线以下的0.5~0.7 cm处，面布的缝份和拉链的中心对准，用定位珠针固定。注意用尺子或者厚纸夹在布料正面和缝份之间，使定位珠针只穿入缝份和拉链布边。

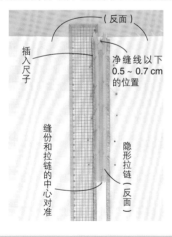

⑤ 给拉链缲边

只捏住缝份和拉链布边，从上端开始缲边到末端。

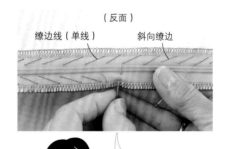

⑥ 剪开粗针距的缝线

用锥子挑开粗针距的缝线，第③步忘记剪断线的可在此时剪断。

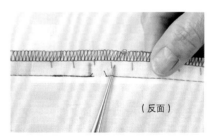

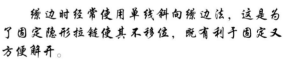

要点

用斜向缲边来固定更大范围

缲边时经常使用单线斜向缲边法，这是为了固定隐形拉链使其不移位，既有利于固定又方便解开。

⑦ 拉下拉锁

捏住拉头，把拉锁打开来。为了不弄断缲边线，另一只手要按住面布。

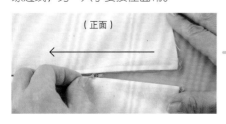

在即将到达开口末端的地方，把拉头塞进布中间，把拉锁按进去。

继续往下拉，将可调节的止口放到能够下放的最底端，将拉头拉到比开口末端更低的位置。

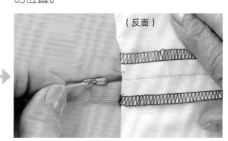

⑧ **贴近拉链齿的边缘缝制一圈**

从反面看，从右侧的缝份开始缝制

将缝纫机的压脚板换成隐形拉链专用的压脚板，把隐形拉链的拉链齿嵌入压脚板的沟里。有些压脚板会让拉链齿直接立起，还有的需要用锥子把拉链齿挑起来再开始缝制。不要忘了在刚开始缝时需要回针。

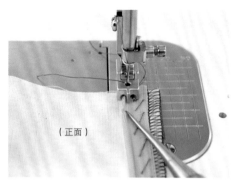

（正面）

快缝到开口的末端时，先确认一下开口末端的位置。用缝纫机缝制时，要在到达开口末端的一针之前回针，再剪断线。

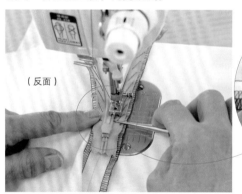

（反面）

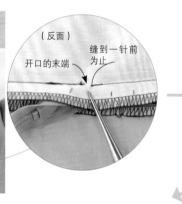

（反面）
开口的末端
缝到一针前为止

确认拉链齿的边缘是否对齐。

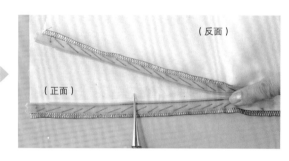

（反面）
（正面）

另一侧也是用同样的缝法，但要从开口末端的一针之前开始往上端缝。

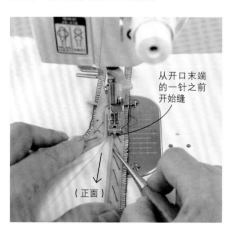

从开口末端的一针之前开始缝

（正面）

⑨ **拉上拉链**

取出拉头，将拉锁向上拉，把拉链闭合。

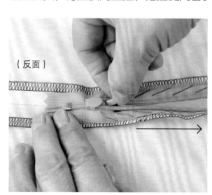

（反面）

翻到正面看，确认一下完成度。如果变成了第9页上的失败情况，就解开缝线重新做一遍。

（正面）

⑩ **把拉链布边固定到缝份上**

先把缝纫机的压脚板换成普通压脚板，然后把拉锁拉到一半左右的位置，把拉链布边的边缘缝到缝份上。

缝到快到拉链头的位置时，停止缝制，但保持针落下，抬起缝纫机的压脚板，将拉链头拉到最上端。

放下压脚板，一直缝到拉链布边的下端。另一侧的拉链布边也用同样的缝法缝制。

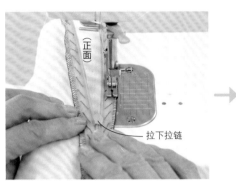

（正面）

拉下拉链

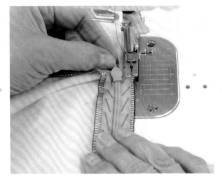

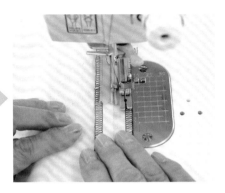

⑪ **剪断缭边线**

把固定住拉链带和缝份的缭边线剪掉。

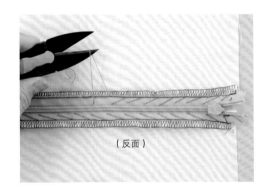

（反面）

⑫ **固定住可调节的止口**

把可调节的止口的上端和缝份开口末端的位置对齐，用钳子夹紧、固定。

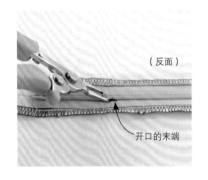

（反面）

开口的末端

完成！

（正面）

失败例1 露出拉链齿

↓

原因 没有贴近拉链齿的边缘缝制

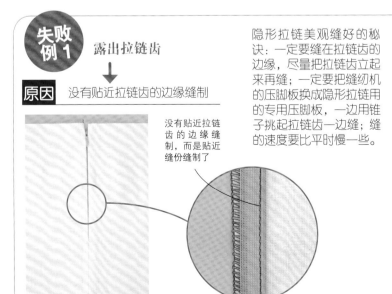

没有贴近拉链齿的边缘缝制，而是贴近缝份缝制了

隐形拉链美观缝好的秘诀：一定要缝在拉链齿的边缘，尽量把拉链齿立起来再缝；一定要把缝纫机的压脚板换成隐形拉链用的专用压脚板，一边用锥子挑起拉链齿一边缝；缝的速度要比平时慢一些。

失败例2 开口末端收得不美观

↓

原因 面料折印和拉链布边错位了

这可能是因为在使用缝纫机装拉链时，只专注于立起拉链齿，而在缝的时候把面料折印和拉链错开了。因为觉得"把拉链和面料用锁边线牢牢缝住就可以了"，如果只是把拉链立起来缝制，就会和面料折印错开。要尽量把拉链齿靠近折印边进行缝制。

在开口末端处产生了皱纹

太田老师发明的

快速缝法

有着常年服装制作经验的太田老师设计总结了独特的隐形拉链安装法，如果你觉得隐形拉链安装起来很难，无法装得很好，那么一定要试一下此法。

拉链的长度和面布的裁法

这里使用的拉链长度为 22 cm（比开口至少长 3 cm）。面布上端也要留 1 cm 的缝份，更要注意的是在装拉链部分的缝份要留 1.2 cm。把缝份和拉链布边的宽度设置成同样的，可以使缝制更易完成。在开口的部分要事先贴好牵条。

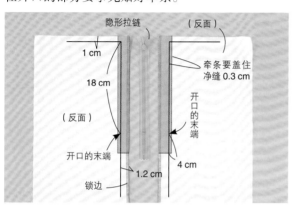

要点 拉链布边的宽度是 1.2 cm

隐形拉链有不同种类，其中单边宽度为 1.2 cm 的拉链布用得较多。设计出这种缝法的契机就是因为注意到了这点。如果把缝份的宽度设定成拉链布单边的宽度，完成的速度将变得更快。

拉链布边
1.2 cm

---

① 缝制开口末端之下的部分

把左右面布的正面朝里对齐，在开口末端的地方回针缝，一直缝到底部。把已经缝好的地方的缝份先剪开。

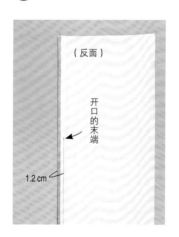

② 把缝份用牵条固定住

把拉链和面布的缝份重叠。此时要把拉链布边和缝份的边缘正好对齐，用珠针固定。和基本的缝法一样，拉锁上端要定位在净缝以下 0.5~0.7 cm 的位置。

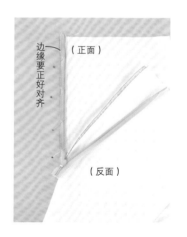

---

③ 将靠近拉链齿的部分用缝纫机缝合

把缝纫机的压脚板换成隐形拉链专用压脚板。开始缝制，和基本的缝法一样，一边立起拉链齿，一边缝到开口末端的一针之前。

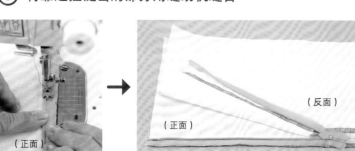

另一侧的缝份用同样的方法缝，把拉链布边的边缘缝好后，瞬间完成！请从正面确认一下完成效果。

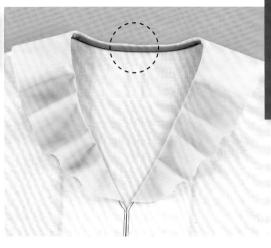

用斜裁布做 领口内滚条

领口内滚条的处理方法有很多种，但对于无领腰的平领或图片上的这种一片式的皱褶领，则经常用斜裁布来做没有领贴的后领内滚条。当然也可以使用市售的斜裁条。

PART2
斜裁布做
领口内滚条

斜裁条的种类

市售的斜裁条

在斜裁条和衣身之间嵌入衣领。这是利用斜裁条原有的折印缝制，所以要根据折印来调节衣片或衣领缝份的尺寸。这种斜裁条不太适用于薄的或是和蕾丝之类比较透的面料，因为它们和面布的差异太大。

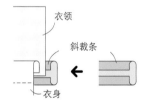

自制的斜裁条

和市售的斜裁条一样，把衣领夹在衣片和斜裁条之间缝制，但因为是自己裁剪斜裁布，所以可以不依赖折印，而根据自己需要的宽度来缝制。因为是用同一种布料制作，成品美观自然，适用范围较广。

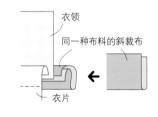

准备的物品

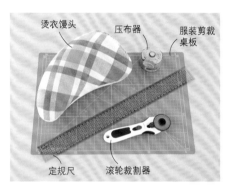

※ 如果没有裁割器，可以用裁缝剪刀进行剪裁。

---

① 剪裁斜裁布

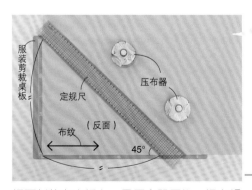

把面料放在桌板上，用压布器压住。把定规尺尽量正确放在 45° 的角度上。这里只用斜裁布处理后衣片的领围，要准备比后衣片领围长 5 cm 的长度。

把斜裁布准确地倾斜 45 度

在剪裁斜裁布时，要尽量保证是准确的 45°，否则完成效果区别会很大。哪怕稍稍偏离 45° 都有可能造成歪曲，所以要注意。

 要点

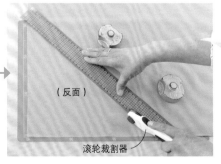

用定规尺把布牢牢按住，用滚轮裁割器笔直地裁断布料。

 要点

用滚轮裁割器剪裁

特别薄的面料或容易滑动的面料推荐使用滚轮裁割器。它可以保证面料不移动，进行笔直切割。先要用定规尺把面料牢牢按住。

11

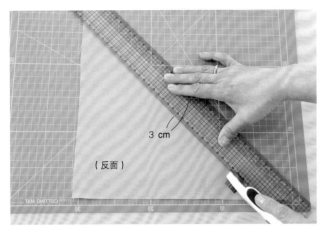

使用定规尺，与毛边平行，宽 3 cm。

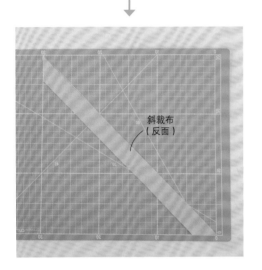

斜裁布
（反面）

 用裁缝剪刀进行剪裁 **要点**

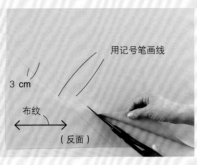

用记号笔画线

3 cm

布纹

（反面）

在面料的反面直接画线，用裁缝剪刀剪开。注意面料不要被拉扯歪斜，尽量笔直地剪裁。

---

② 准备衣片、领贴、衣领

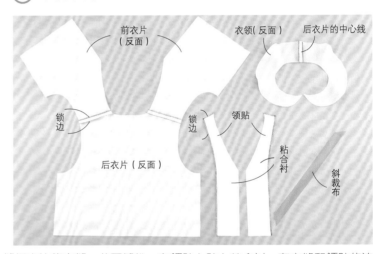

前衣片
（反面）

衣领（反面）

后衣片的中心线

锁边

锁边

领贴

后衣片（反面）

粘合衬

斜裁布

缝好衣片的肩缝，分开缝份。在领贴上贴上粘合衬，在肩缝和领贴的边缘用锁边机锁边。缝好衣领的后中心线，然后分开缝份。衣领周边要根据衣服的款式预先处理好（图上的衣领已经裁好）。衣领的内滚条、前领围线、肩缝、衣领底线放缝份 1 cm。

---

③ 将斜裁布对折

把斜裁布一折为二，用熨斗熨烫定型。

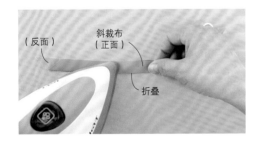

（反面）

斜裁布
（正面）

折叠

 对折的原因

斜裁布一折为二，会比单块面料更不容易被拉长。通过对折使得尺寸更稳定，这就是要点。

---

④ 拉长斜裁布使其弯曲

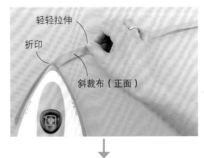

轻轻拉伸

折印

斜裁布（正面）

斜裁布（正面）

在斜裁布的折印处轻轻拉伸，一边弯曲一边熨烫。

在缝制前预处理斜裁布 **要点**

把斜裁布事先拉伸、弯曲，有利于缝制，完成效果也更美观。

⑤ 把衣领暂时固定在衣片上

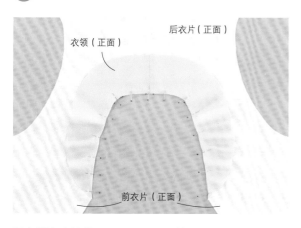

后衣片（正面）
衣领（正面）
前衣片（正面）

把衣领和衣片的正面重叠，用珠针固定。

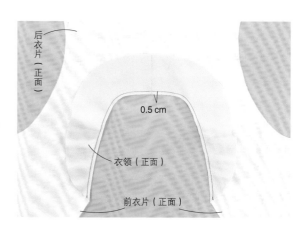

后衣片（正面）
0.5 cm
衣领（正面）
前衣片（正面）

取下珠针，距边缘 0.5 cm 处缝线，暂时固定用。此后还要把领贴和斜裁布重叠，所以开始时先固定衣领和衣身就好。

⑥ 把领贴固定在衣片上

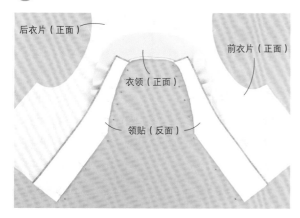

后衣片（正面）
前衣片（正面）
衣领（正面）
领贴（反面）

把领贴左右对齐重叠在衣片上，用珠针固定。

⑦ 把斜裁布固定在衣片上

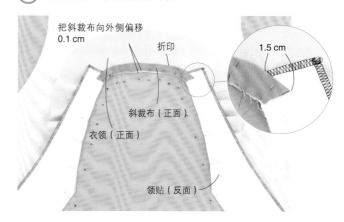

把斜裁布向外侧偏移 0.1 cm
折印
1.5 cm
斜裁布（正面）
衣领（正面）
领贴（反面）

在衣领上叠放斜裁布，斜裁布往外侧偏移 0.1 cm（缝制领口内滚条时要缝在距离裁剪边缘 1 cm 处的位置，把斜裁布向外移动可以使缝线和折印之间距离约为 0.6 cm），用珠针固定。斜裁布的边缘和前领贴重叠 1.5 cm，多余的部分剪去。

⑧ 用缝纫机缝制前领围线和领口内滚条。

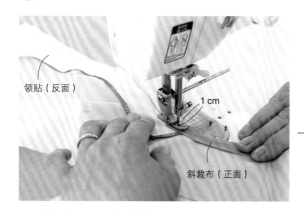

领贴（反面）
1 cm
斜裁布（正面）

一边取下珠针，一边用缝纫机在距离边缘 1 cm 处缝制。

要点　曲线的缝制方法

缝制领口内滚条曲线的部分，要用左手拉住面料，为了不破坏曲线的形状要慢慢缝制。注意不要缝成直线。

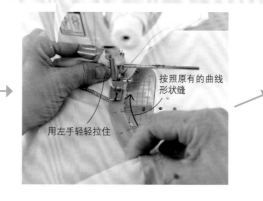

按照原有的曲线形状缝
用左手轻轻拉住

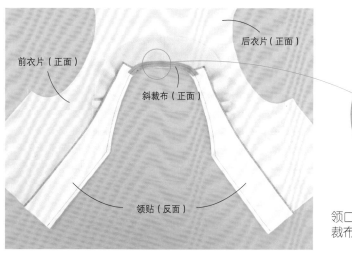
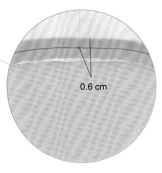

前衣片（正面）

后衣片（正面）

斜裁布（正面）

领贴（反面）

0.6 cm

领口内滚条和前领围线缝完了。确认一下从斜裁布折印到缝线有没有 0.6 cm。

⑨ 剪掉领口内滚条的缝份

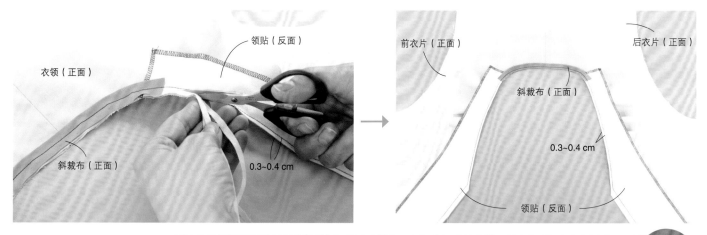

衣领（正面）

领贴（反面）

斜裁布（正面）

0.3~0.4 cm

前衣片（正面）

后衣片（正面）

斜裁布（正面）

0.3~0.4 cm

领贴（反面）

只在领口曲线的缝份处裁剪

缝份要剪得细一些

太田老师的特色是，不在领口的缝份上剪刀口，而是把缝份剪得很细。对于那种很透的面料，缝份的样子从正面也能看出来，也有可能变得凹凸不平。如果事先把缝份都剪得很细，就不会起破，完成后的正面效果也会很自然。

要点

⑩ 临时烫开缝份

要点

临时烫开缝份

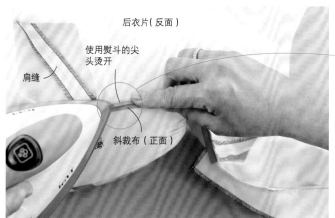

后衣片（反面）

使用熨斗的尖头烫开

肩缝

斜裁布（正面）

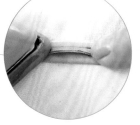

把已经缝完的前领围线和领口斜裁布的缝份用熨斗烫开。领口斜裁布的曲线部分使用烫衣馒头会更容易熨烫。

用熨斗烫开领口的曲线部分是很难的，但这一步会关系到完成效果，翻到正面时缝线会更容易折叠，所以一定要试着做。使用熨斗的尖头，尽量只烫开缝头部分，不要让衣片和衣领产生折痕。

⑪ 把领贴、斜裁布翻回正面整理

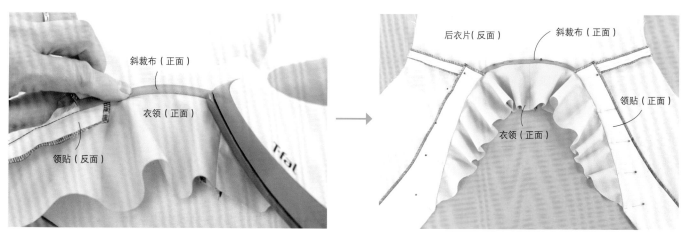

把斜裁布翻到衣片一侧，也在烫衣馒头上熨烫，后用珠针固定。

把领贴翻回正面，用珠针固定。

⑫ 用缝纫机缝制前领围线和领口斜裁布

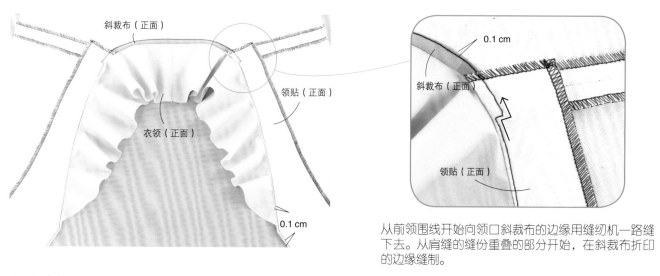

从前领围线开始向领口斜裁布的边缘用缝纫机一路缝下去。从肩缝的缝份重叠的部分开始，在斜裁布折印的边缘缝制。

从衣片的正面看起……

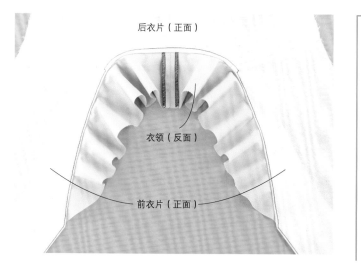

完成！

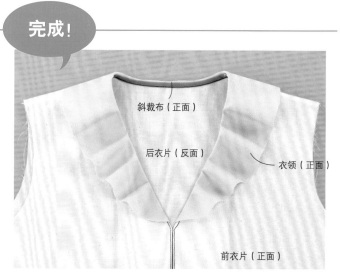

PART3
裤子的拉链开口

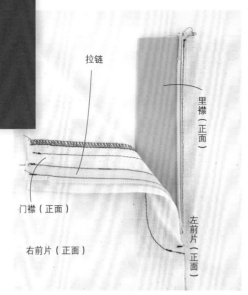

拉链
里襟（正面）
门襟（正面）
左前片（正面）
右前片（正面）

裤子的拉链开口

　　裤子前片中心的拉链开口位置装有里襟和门襟。推荐把装拉链的部分做成直线，并采用连门襟裁剪方法。在裆部曲线上装拉链很难缝，门襟也只能另行剪裁，缝份重叠在一起，很难处理得干净利落。当然也要根据裤子的设计不同而调整，但初学者可以尽量把拉链开口的末端设置在臀线或者距臀线稍微往上一点的地方，开口处做成直线。拉链比开口稍微长一点可以调整，这里使用的是 20 cm 长的尼龙拉链。

各部分的名称

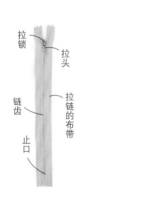

拉锁
拉头
链齿
拉链的布带
止口

拉链专用单边压脚板

　　缝拉链时使用的专用压脚板，对于左右有高低差的部分，换上单边压脚板就可以笔直地缝。

厚纸（明信片厚度）

　　放在右前裤片上，剪切成门襟造型线的形状使用（太田老师的原创）。门襟造型线可以说是拉链开口的"脸"，这张厚纸就是它的关键。请准备不过分厚，也不过分薄的结实的纸。

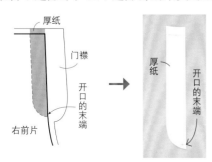

厚纸
门襟
开口的末端
右前片
厚纸
开口的末端

裁剪方法

右前裤片的剪裁方法是，门襟和裤片在同一片布上，左前裤片的前中线的缝份的尺寸会有误差，所以要注意。在门襟、里襟、左前裤片的开口末端的位置用扎线方法固定，在左右裤片的前中心的位置剪上粘合衬，在前中心的位置剪开口（长度0.3 cm左右的剪口）作标记。

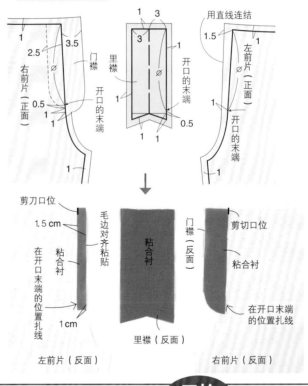

用直线连结
左前片（正面）
右前片（正面）
门襟
里襟
开口的末端

剪刀口位
1.5 cm
在开口末端的位置扎线
粘合衬
1 cm
左前片（反面）

毛边对齐粘贴
粘合衬
里襟（反面）
在开口末端的位置扎线

门襟（反面）
剪切口位
粘合衬
右前片（反面）

① 制作里襟

开始缝制

　　把里襟正面朝里折叠，缝制下端。只把缝头用熨斗烫开，翻到正面整理好

折叠
里襟（反面）
1 cm
缝线
反面

烫开
正面

里襟（正面）
翻到正面

② 用锁边机锁边

在门襟的边缘和裤裆毛边相交的地方剪刀口。这样做可以让锁边机更容易操作。

在门襟的边缘、裤裆线和里襟的边缘用锁边机锁边，处理毛边。

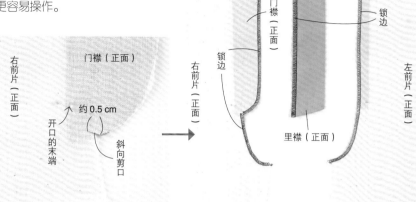

右前片（正面）

门襟（正面）

约0.5 cm

开口的末端

斜向剪口

门襟（正面）

锁边

右前片（正面）

锁边

里襟（正面）

③ 把左右裤片正面朝里重叠，用珠针固定

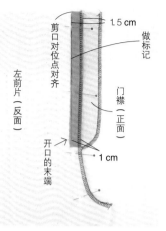

剪口对位点对齐

1.5 cm

做标记

左前片（反面）

门襟（正面）

开口的末端

1 cm

首先把左右裤片前中心的剪口对齐，裤裆的缝份也对齐，用珠针固定。左、右前裤片的中心线因为缝份的宽度不一样，用笔做上记号。

④ 缝制前中心线和裤裆线

把缝纫机的针距调大，从腰部开始到开口末端处缝制。这里不要把线剪断，把针距调小，先往回缝然后再继续向前缝。

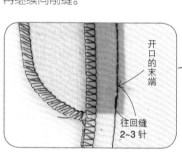

开口的末端

往回缝2~3针

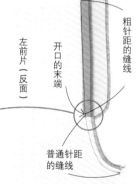

左前片（反面）

开口的末端

粗针距的缝线

普通针距的缝线

⑤ 烫开缝份

将前中心线的缝合处打开，用熨斗烫开。

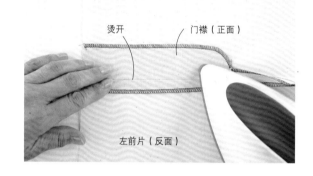

烫开

门襟（正面）

左前片（反面）

要点

事先缝好前门襟线

　　一般来说，没有里襟的拉链开口或者隐形拉链的开口，经常会用粗针距事先缝好开口部分，这个方法也会用在裤子的拉链开口上。此后虽然一边的拉链布边夹在里襟之中，另一边的缝在门襟上，左右要分开操作，但在最终的位置关系中，这条门襟线是已经缝好的状态。如果事先保持好这种形状，就不容易发生缝歪的情况。

⑥ 折叠左前裤片的缝份

把左前裤片的缝份从中心线的缝线起向外留出0.2~0.3 cm，用熨斗烫出折印。

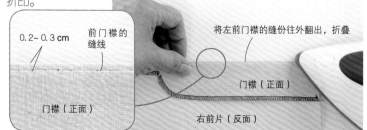

0.2~0.3 cm

前门襟的缝线

将左前门襟的缝份往外翻出，折叠

门襟（正面）

门襟（正面）

右前片（反面）

⑦ 用珠针固定拉链

把左前裤片的折印和拉链齿的边缘对齐，然后用珠针固定。

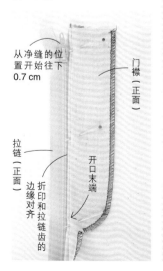

从净缝的位置开始往下0.7 cm

门襟（正面）

开口末端

拉链（正面）

折印和拉链齿的边缘对齐

⑧ 把里襟和拉链夹在一起固定

里襟（正面）

左侧的缝份和边缘对齐

拉链（反面）

左前片（反面）

改变裤子的朝向，让左前片的反面朝上放置。重叠里襟，使左前片缝份的边缘完全隐藏起来，用珠针固定。

⑨ 缝合里襟和拉链

再次改变裤子的方向，使右前片的反面向上放置。从开口末端 1 cm 左右之下开始，用缝纫机缝制左侧折印的边缘。

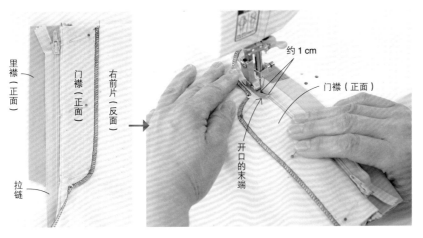

里襟（正面）　门襟（正面）　右前片（反面）

拉链

约 1 cm

门襟（正面）

开口的末端

⑩ 拉下拉锁

用缝纫机缝到拉锁附近时，保持针不抬起，把压脚板抬起，拉下拉锁。

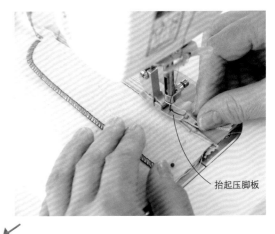

抬起压脚板

拉链和里襟缝好了

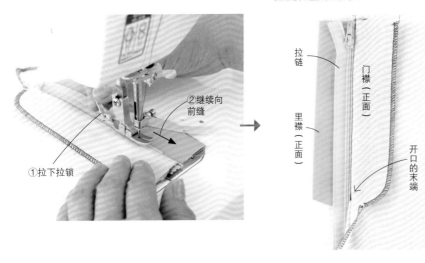

①拉下拉锁　②继续向前缝

拉链

门襟（正面）

里襟（正面）

开口的末端

⑪ 避开里襟，把拉链固定在门襟上

打开左右裤片，将反面朝上放置。掀起里襟，在左前裤片上固定好珠针，只把拉链固定在门襟上。

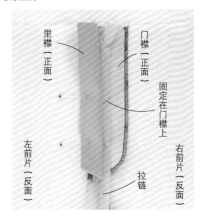

里襟（正面）　门襟（正面）　固定在门襟上

左前片（反面）　拉链　右前片（反面）

---

⑫ 把拉链布边固定在门襟上

避开右前片，用缝纫机缝拉链布边和门襟。

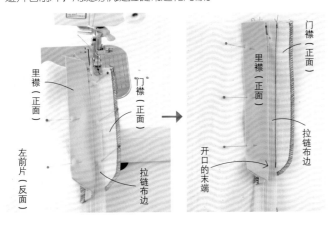

里襟（正面）　门襟（正面）

左前片（反面）　拉链布边

门襟（正面）　里襟（正面）

开口的末端　拉链布边

⑬ 把拉链齿的边缘固定在门襟上

把右前片稍微抬起，把粗针距的缝纫线剪开 5 cm 左右。

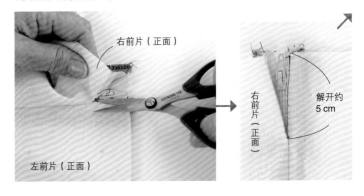

右前片（正面）

左前片（正面）

右前片（正面）　解开约 5 cm

先把缝纫机的压脚板换成拉链专用的单边压脚板。翻开左前裤片和里襟，使门襟的正面向上露出，把拉链稍向下拉，在拉链齿的边缘落针。

缝到拉链锁的位置时，落针后把压脚板抬起，把拉锁上移继续缝。

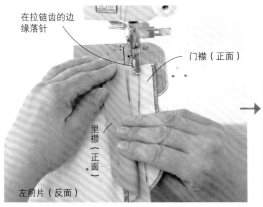

在拉链齿的边缘落针

门襟（正面）

里襟（正面）

左前片（反面）

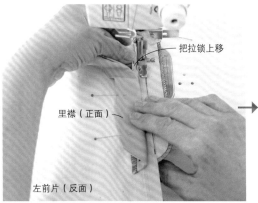

把拉锁上移

里襟（正面）

左前片（反面）

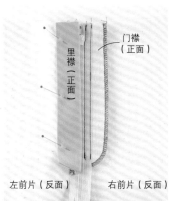

门襟（正面）

里襟（正面）

左前片（反面）　右前片（反面）

---

⑭ **在右前片上放置门襟纸样片**

把右前片和左前片准确重叠，把敞开的部分用珠针固定。

把缝纫机的压脚板换成普通压脚板，在右前片上叠上厚纸。一边用手按住，一边在厚纸的边缘上落针，一直缝到中心线的 1 cm 前为止。

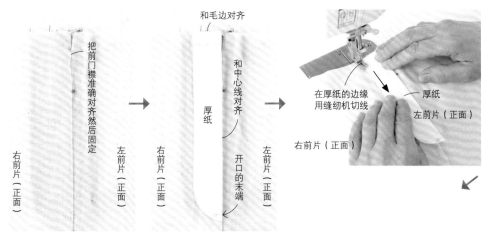

和毛边对齐

把前门襟准确对齐然后固定

右前片（正面）

左前片（正面）

厚纸

和中心线对齐

右前片（正面）

开口的末端

在厚纸的边缘用缝纫机切线

厚纸

左前片（正面）

右前片（正面）

缝到距中心线 1 cm 时把线切断，把厚纸和珠针取掉。

把固定里襟的珠针取掉。

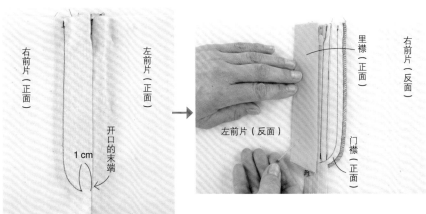

右前片（正面）

左前片（正面）

1 cm

开口的末端

里襟（正面）

右前片（反面）

左前片（反面）

门襟（正面）

要点

曲线部分要沿着厚纸慢慢缝

经常听到学员说"如果曲线弧度比较陡，就无法缝好"。其实要点是沿着厚纸慢慢地缝，缝一针就抬起压脚板，稍微改变朝向，再放下压脚板，再缝一针然后抬起压脚板……这样重复下去。另一个要点是采用厚纸，具备这两点，无论是什么面料，都可以做出美观的门襟造型。一定要试一下哦。

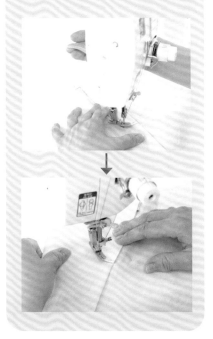

⑮ **把里襟重合，缝合剩下的门襟部分**

把里襟放平，用珠针固定。

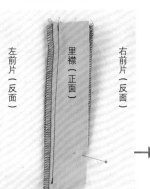

在右前片上叠上厚纸，在原来的缝线上从重叠2针左右的地方开始缝制。这时为了不让面线卷到反面，把面线事先留长。在开始和结束时都不要忘了回针！

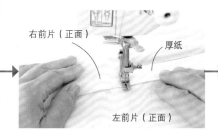

右前片（正面） 厚纸

左前片（正面）

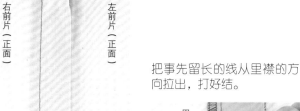

右前片（正面） 左前片（正面）

来回缝2 回针
针左右

把事先留长的线从里襟的方向拉出，打好结。

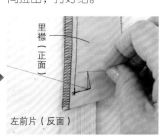

里襟（正面）

左前片（反面）

---

⑯ **缝合开口末端的位置**

在开口末端来回缝3次。

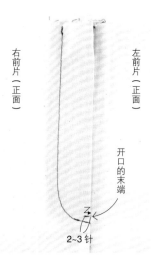

右前片（正面） 左前片（正面）

开口的末端

2~3针

⑰ **剪开粗针距的缝线**

将右前片挑起，将粗针距的缝线剪开，一直到开口末端的位置为止。

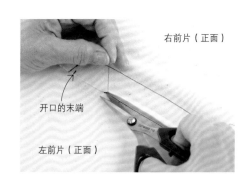

右前片（正面）

开口的末端

左前片（正面）

⑱ **剪断拉链**

把裤子翻到反面，掀开里襟，剪断拉链。让剪口不显露的要点是剪在里襟的稍内侧。

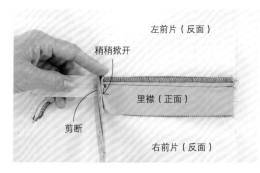

左前片（反面）

稍稍掀开

里襟（正面）

剪断

右前片（反面）

完成！

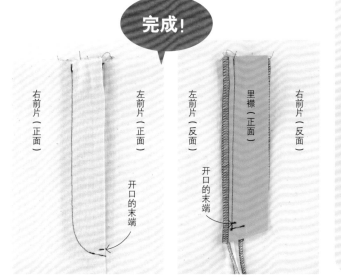

右前片（正面） 左前片（正面）

开口的末端

左前片（反面）

里襟（正面） 右前片（反面）

开口的末端

要点

拉链长度的调整

这次没有先调整拉链的长度再开始缝，如果先剪断再缝制，需要事先在拉链末端剪断的位置来回缝2~3次，先固定再剪断。

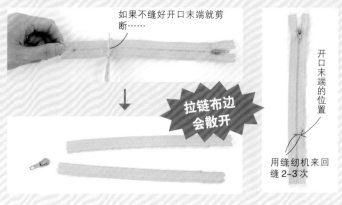

如果不缝好开口末端就剪断……

拉链布边会散开

开口末端的位置

用缝纫机来回缝2~3次

关于侧缝插袋

侧缝插袋经常使用在大衣或下装侧缝线上。在大衣之类比较厚的面料上制作时，常使用里布制作袋布，并且只在从袋口能看见的部分缝上袋垫布（用面布做成），就可以顺利完成。如果面料很薄，就只在袋布 B 使用面布，也可以都使用面布来制作两边的袋布，这时候无须袋垫布。

袋布的尺寸根据手的大小和衣服本身的尺寸调节。另外，把袋布的侧缝线到底部都做成直线，就可以缝合固定在衣片上了。另一个特点是，大一点的袋布也可以固定在衣片上，而不成为多余的负担。这里解说右口袋的制作方法。

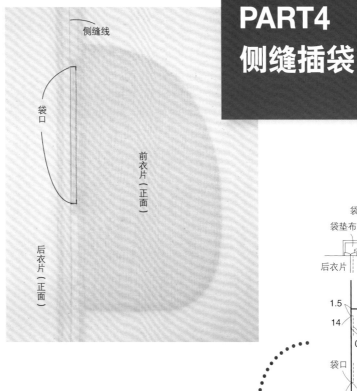

制图

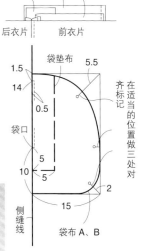

布料的裁剪方法

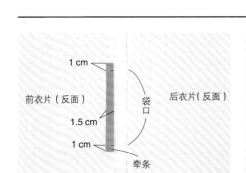

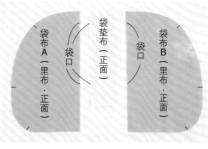

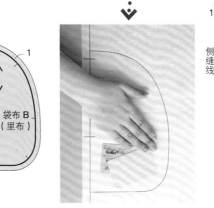

① **在各部分剪刀口位，在前后衣片上贴上牵条**

在袋口和袋布的三处对齐标记上剪刀口位（0.3 cm 左右的刀口）。在前衣片的袋口贴上牵条进行加强。

要点

在袋布周围做剪口

袋布外围的剪口，是缝合时做参照的，按照刀口位缝合，2 块面料就不易错位。因为袋布外围是一条很长的曲线，所以这一点一定不要忘记。

② **把袋垫布装到袋布 B 上**

用锁边机处理袋垫布的两边。

把袋垫布和袋布 B 重合，在锁边线的中心缝合。这样物品放进或拿出口袋时，锁边的线都不容易被勾住。

③ **在侧缝线的缝份上锁边**

在袋布 A、B 面料的反面一侧锁边。

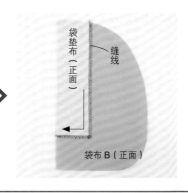

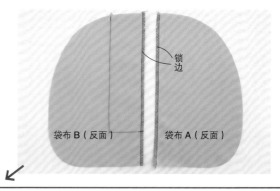

衣片的侧缝线也锁边。

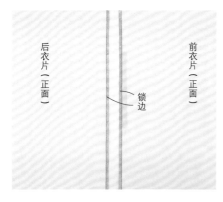

④ **缝合衣片的侧缝线**

把前衣片和后衣片的正面对正面重叠，缝合侧缝线。途中缝到袋口时回针，保持原样不要剪断线，把针距调粗继续缝，袋口以下再换回普通针距，袋口处注意回针。

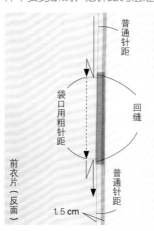

要点

事先缝好袋口

在制作一般的短裙拉链开口时，常常会事先用粗针距缝好开口的部分，侧缝口袋也经常用这种方法。最终成型时侧缝线是全都已经缝好的状态，这样缝制袋口更容易操作，成品也更美观。

⑤ **剪掉袋口边缘的缝线**

把回针缝的边缘和粗针距的缝线相连处剪断，粗针距的缝线留在原地不动。

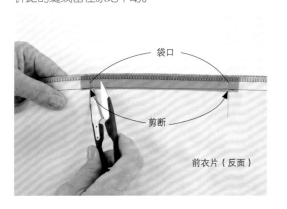

⑥ **烫开缝份**

分开侧缝线的缝头，用熨斗烫开。

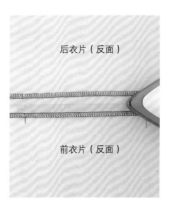

⑦ **把前衣片和袋布 A 缝合**

避开前衣片，把袋布 A 和毛边对齐，用珠针固定。

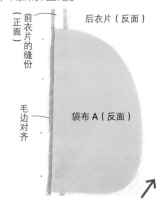

在距离毛边 0.7 cm 处机缝，上下端各留 2 cm 不缝。

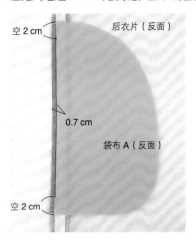

空 2 cm

后衣片（反面）

0.7 cm

袋布 A（反面）

空 2 cm

⑧ 把袋布 A 向前衣片一侧翻折

将前衣片恢复原状，把袋布 A 翻折，用熨斗烫压。

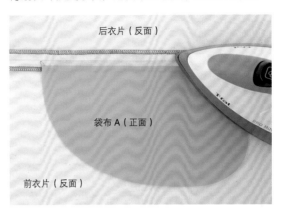

后衣片（反面）

袋布 A（正面）

前衣片（反面）

⑨ 在袋口做造型

把袋布 A 固定在前衣片上，从前衣片的正面开始按照与袋口平行的方向机缝，开始和结束缝制的时候别忘了回针。

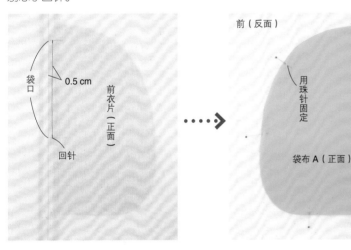

袋口

0.5 cm

前衣片（正面）

回针

前（反面）

用珠针固定

袋布 A（正面）

⑩ 缝合后衣片和袋布 B

避开后衣片，将袋布 A 和袋布 B 重叠，毛边对齐，用珠针固定。这时在袋布上下端约 2 cm 钉上珠针。

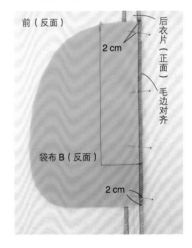

前（反面）

2 cm

后衣片（正面）毛边对齐

袋布 B（反面）

2 cm

把整个衣片翻到反面，露出后衣片的反面。从珠针钉着的地方开始，在侧缝线缝头的边缘落针，先回针然后开始缝制。

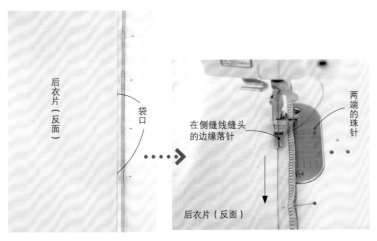

后衣片（反面）

袋口

在侧缝线缝头的边缘落针

两端的珠针

后衣片（反面）

拔掉珠针往前缝，注意紧靠袋口处侧缝线边缘的地方要缝好，一直缝到另一侧珠针的位置后回针。

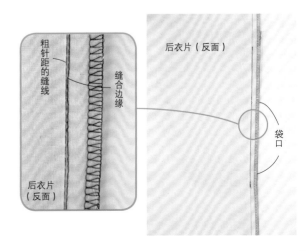

粗针距的缝线

缝合边缘

后衣片（反面）

后衣片（反面）

袋口

····▶

前衣片（反面）

后衣片（正面）

袋布 B（反面）

⑪ 缝制袋布的周围

把袋布 A 和 B 的周围用珠针固定，保证刀口位互相对齐。

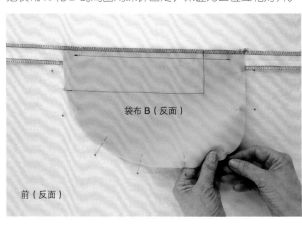

袋布 B（反面）

前（反面）

↙

稍稍掀起袋布的上端，顺着这个方向把袋布向自己的方向翻过来，使袋布 B 在下、A 在上，放到缝纫机上。避开衣片，在袋布 A 缝份的折印 a 上落针，开始缝制。

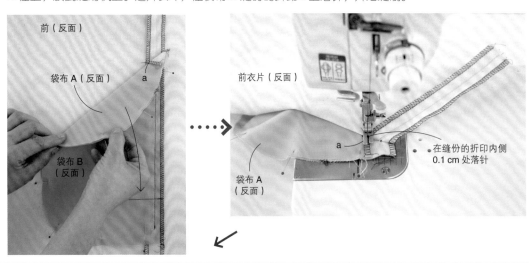

前（反面）

袋布 A（反面）

a

袋布 B（反面）

前衣片（反面）

袋布 A（反面）

a

在缝份的折印内侧
0.1 cm 处落针

↙

在距离袋布毛边内侧 1 cm 处向前缝制。注意袋口两头的拐弯处。

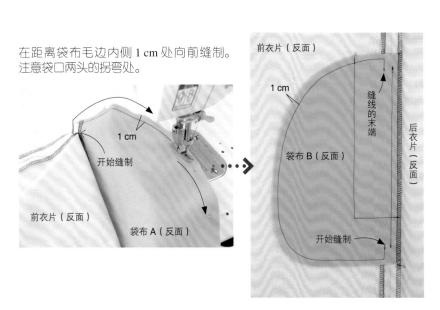

1 cm

开始缝制

前衣片（反面）

袋布 A（反面）

前衣片（反面）

1 cm

缝线的末端

后衣片（反面）

袋布 B（反面）

开始缝制

⑫ 在袋布外围锁边

袋布外围锁边，注意，不要把衣片也缝进去。

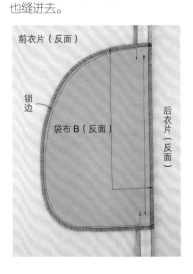

前衣片（反面）

锁边

袋布 B（反面）

后衣片（反面）

⑬ 缝牢袋口

在衣片的正面开始，加固袋口的上下部分。同一个位置要回针缝3次，使其牢牢固定住。

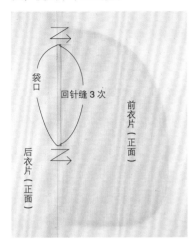

⑭ 把袋布缝到前衣片的缝份上

只抓住袋布的外围下端和前衣片的缝份，放在缝纫机上。在袋口两头的0.3~0.4 cm的缝隙处缝制，此时要注意不要把衣片也缝进去。

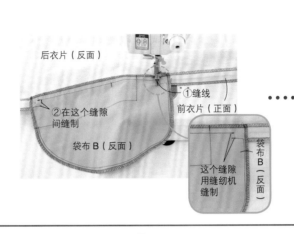

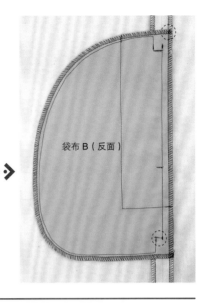

⑮ 把袋布缝在后衣片缝份的边缘处

避开后衣片，仅抓住缝份和袋布，在距离毛边约0.5 cm的位置机缝。

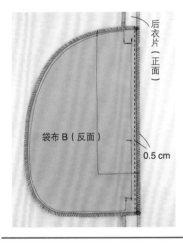

⑯ 剪开袋口的缝线

剪开袋口粗针距缝线

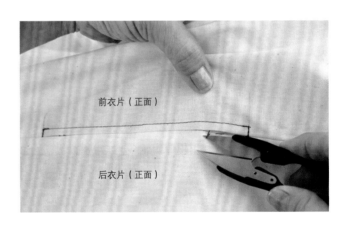

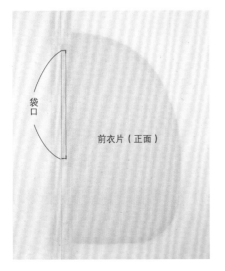

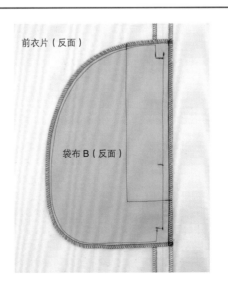

完成！

PART5
前短开小襟

里襟布（正面）

前衣片（正面）

小襟布（正面）

在套头衫和收腰长衫的前衣片上经常看到这种短开小襟。很多人可能会觉得很难，其实一旦掌握了它的结构，不论短开小襟的宽度或长度怎么变化，都可以顺利完成。初次挑战时短开小襟的宽度不要太窄，也不要过宽，建议 3 cm。已经熟练的读者可以挑战其他尺寸。本书将小襟布和里襟布的颜色做了区分以便于理解，一般情况下都是选用相同面料制作的。

前衣片和短小襟布的裁剪方法

图纸画完后，要把前衣片的短开小襟布展开，在上面放出缝份。短开小襟布的前短小襟布、前短里襟布都要在打开的状态下取样后放出，做上缝份。

制图

剪去前短小襟布的一部分　要点

虽然前短小襟布和前短里襟布是以同样形状裁剪的，但是裁剪完以后，前短小襟布对折后右下角的一部分要剪去，这样完成效果会更干净利落。相反如果不剪掉这部分，不管缝得多仔细，前短小襟布之外的多余布料都有可能会在完成后多出一截。一小点点的改进完成效果就会有很大的改观。

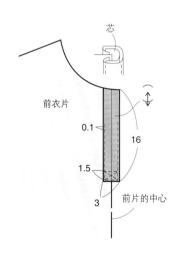

芯

前衣片

0.1

16

1.5

3

前片的中心

前衣片

前片的中心

1

1

1

1.5

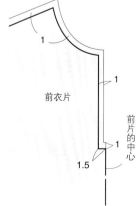

前短小襟布

1

3

3

1

1

1

1.5

剪掉

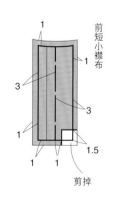

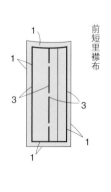

前短里襟布

1

1

3

3

1

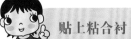

贴上粘合衬

为了增强"凹"字形部分剪刀口位强度，要贴上合理范围内最小尺寸的粘合衬。因为完成时最好能保证看不见一点粘合衬，所以要根据短小襟布的宽度和前短里襟布的完成效果来决定大小。粘合衬的宽度和短小襟布一样是 3 cm，长度是 1 cm 的缝份长度加上缝份长度的一半 0.5 cm 等于 1.5 cm。这就是在完成时，使前短里襟布的粘合衬能完全隐藏起来的大小。现在觉得难以想象的读者，在制作过程中会理解的。

① 裁各部分，粘贴粘合衬

在前短小襟布、前短里襟布上贴上粘合衬。前衣片"凹"字形部分要贴上粘合衬。

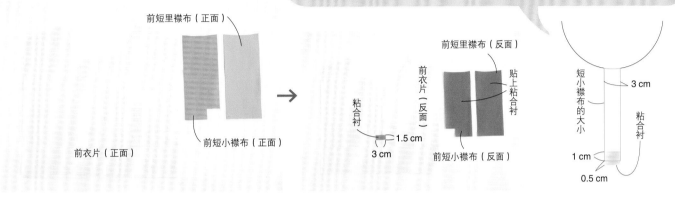

② 前短里襟布锁边

前短里襟布的下边锁边。

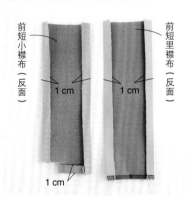

③ 折叠、熨烫缝份

熨烫前短小襟布和前短里襟布的缝份，固定折印。不要折叠前短里襟布剪掉的部分，保持其原样。

④ 对折

把襟布一折为二，用熨斗压烫。不要把两边正好对齐，把作为贴边的一边（如图示就是下面的布料）稍微长出一点。

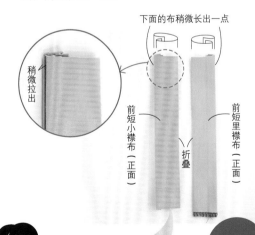

⑤ 把前短里襟布固定在前衣片上

把前短里襟布和前衣片正面对正面重叠，用珠针固定。

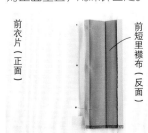

⑥ 把前短小襟布固定在前衣片上

前短小襟布和前衣片一起，也同样正面朝正面重叠，用珠针固定。

短小襟布的折叠幅度要有差异

如果把短小襟布正好折成两半之后再从正面开始缝花纹，能顺利完成自然好，但无论多小心，下边的布料都有可能会歪。所以为了让花纹不要缝坏，一开始就把下边的布边稍微拉出来一点会比较放心。这个拉出来的长度是 0.5 mm 左右。拉出太多也不好，所以要记住只拉出来一点点。

⑦ 用缝纫机缝短小襟布

机缝固定，下边留下 1 cm（缝份的宽度）不缝。

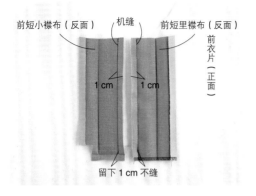

前短小襟布（反面）　机缝　前短里襟布（反面）

前衣片（正面）

1 cm　1 cm

留下 1 cm 不缝

⑧ 留下剪刀口的标记

避开短小襟布的缝份，在前衣片的缝份上对角线做标记。

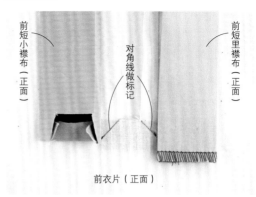

前短小襟布（正面）

对角线做标记

前短里襟布（正面）

前衣片（正面）

⑨ 在前衣片的缝份上做剪刀口

按照对角线标记剪刀口，一直剪到即将碰到短小襟布的地方。

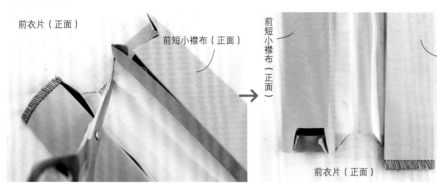

前衣片（正面）

前短小襟布（正面）

前短小襟布（正面）

前短里襟布（正面）

前衣片（正面）

⑩ 翻折缝份

打开前短里襟布，把衣片和缝份向内翻折。

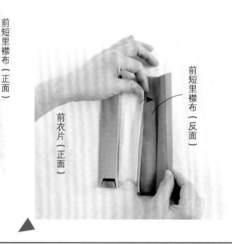

前短里襟布（反面）

前衣片（正面）

把前短里襟布盖到缝份上，叠在一起。

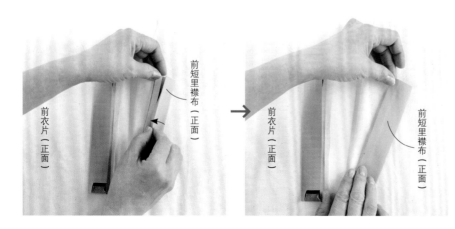

前短里襟布（正面）

前衣片（正面）

前衣片（正面）

前短里襟布（正面）

⑪ 把前短里襟布固定在衣片的反面

按住前短里襟布的缝份不动，翻向衣片的反面（里襟的锁边部分对齐小襟剪了刀口的梯形缺嘴部分）。

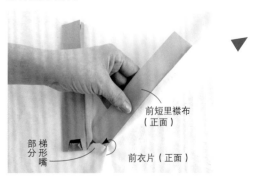

前短里襟布（正面）

梯形嘴部分

前衣片（正面）

把前短里襟布和前衣片整理平整。

⑫ 翻折

和前短里襟布一样，打开前短小襟布的折叠之处，和缝份一起向内翻折。

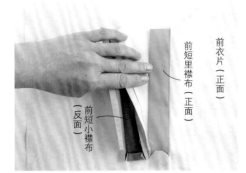

前短里襟布（正面）
前衣片（正面）
前短小襟布（反面）

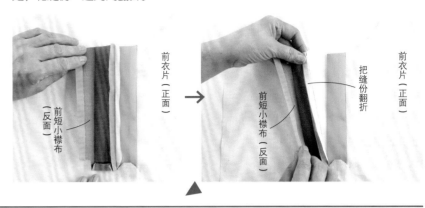

前衣片（正面）
前短小襟布（反面）
前衣片（正面）
把缝份翻折

把前短小襟布盖到缝份上，叠在一起。

这是前短小襟布的状态，因为下端刚开始就被剪掉了，露出了缝份。

把前短小襟布和前衣片整理平整。

前短小襟布（正面）

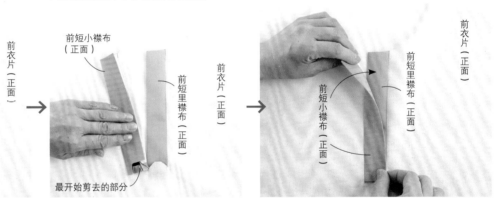

前短小襟布（正面）
前衣片（正面）
前短里襟布（正面）
最开始剪去的部分

前衣片（正面）
前短小襟布（正面）
前短里襟布（正面）

⑬ 把短小襟布用珠针固定

把前短里襟布和前短小襟布分别用珠针固定。固定前短小襟布时，注意不要把前短里襟布也钉住。

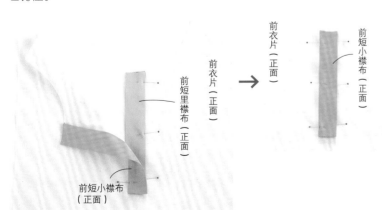

前衣片（正面）
前短里襟布（正面）
前短小襟布（正面）
前衣片（正面）
前短小襟布（正面）

⑭ 机缝前短里襟布的两边

露出前短里襟布，在前短里襟布的两边机缝。

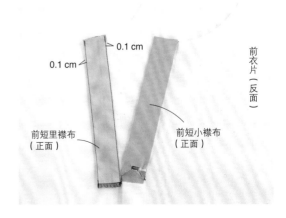

0.1 cm
0.1 cm
前衣片（反面）
前短里襟布（正面）
前短小襟布（正面）

⑮ 缝合前短小襟布的两端

露出前短小襟布，衣片上梯形的缝份也要一起避开，与前短里襟布相同，要在前短小襟布的两边机缝，但下端不要回针。

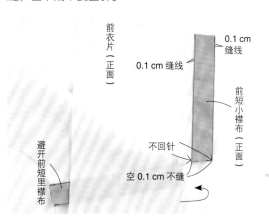

前衣片（正面）

0.1 cm 缝线

0.1 cm 缝线

前短小襟布（正面）

不回针

空 0.1 cm 不缝

避开前短里襟布

要点

造型重叠的地方不回针

之后会把前短小襟布和前短里襟布重叠，在它们的下端机缝，所以这里没必要回针。相反，如果这里回针了，缝线会堆成一块，影响美观。

→

前衣片（正面）

前短小襟布（正面）

---

⑯ 对齐、重叠，用珠针固定

把前短小襟布和前短里襟布对齐，用珠针固定其下端。

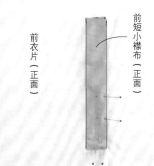

前衣片（正面）

前短小襟布（正面）

⑰ 在短小襟布的下端做十字切线

按照十字切线的形状做标记（用消影记号笔）。

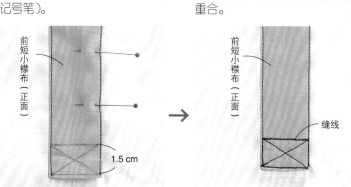

前短小襟布（正面）

1.5 cm

→

前短小襟布（正面）

缝线

按照标记机缝，这时要再次确认前短小襟布和前短里襟布有没有正好重合。

完成！

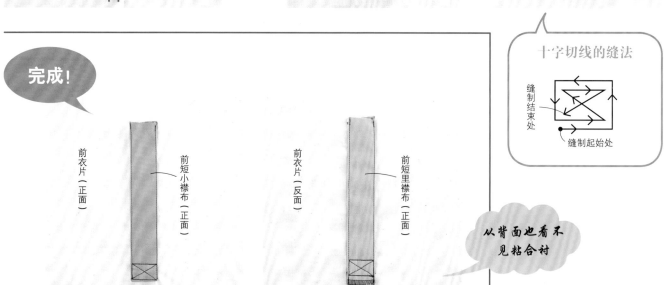

前衣片（正面）

前短小襟布（正面）

前衣片（反面）

前短里襟布（正面）

十字切线的缝法

缝制结束处

缝制起始处

从背面也看不见粘合衬

带有下领角的衬衫领

衬衫领是男女都适用的基本款衣领了。熟悉又简单的设计，其实做好并不容易，好几块面料重叠在一起，缝份变得很厚，导致难以做出美观的造型。这里将解说太田老师独特的衬衫领做法，用这种方法可以顺利做出美观的衣领，各位请一定要试一试。

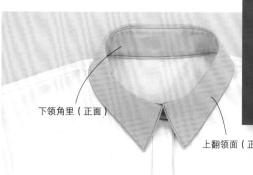

下领角里（正面）

上翻领面（正面）

前衣片（正面）

制图

衣领
4.5
3
3.5
2.5
6
0.7
3
1.5
造型线边距 =0.1

● ＋ ○

后衣片

前衣片
0.1
前衣片中心线
芯

单位：cm

裁剪方法和准备

上翻领、下领角、衣片的领围都留 1 cm 的缝份再裁剪。前端根据设计样式来裁剪领贴。衣片的肩缝的缝份向后侧翻折时，为了保证让领围的缝份不会不够长，要事先在图纸上确认好。在上翻领面和 2 块下领角上贴上粘合衬，在上翻领的 4 处，下领角的各 8 处剪刀口位（0.3 cm 左右的刀口）。

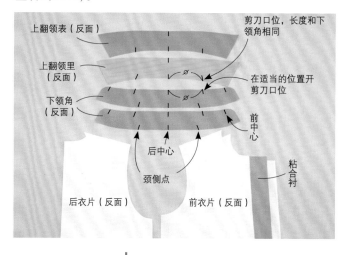

上翻领表（反面）

剪刀口位，长度和下领角相同

上翻领里（反面）

下领角（反面）

在适当的位置开剪刀口位

前中心

后中心

颈侧点

后衣片（反面）　前衣片（反面）

粘合衬

↓

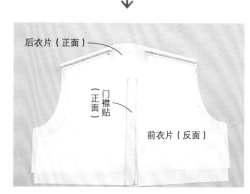

后衣片（正面）

门襟贴（正面）

前衣片（反面）

先缝前端的门襟贴，再缝合肩缝，把缝份向后侧翻折。

① 只缝合上翻领的上端

把上翻领的表和里正面对正面重叠，缝合上端。

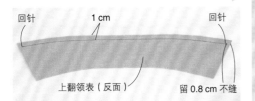

回针　　1 cm　　　　　　　回针

上翻领表（反面）　　　　　留 0.8 cm 不缝

要点

不要把衣领四周全都缝死

为什么不把另外两边也一起缝上呢？为了熨烫方便，缝制上翻领周围时要把两侧布边对齐缝上，所以之后要烫开缝份，如果把周围全都缝死就很难用熨烫。先把上端缝合然后熨烫缝份，再把两端缝合再熨烫缝份，这样做就会比较容易操作，更重要的是这样成品的造型更美观。

② 烫开缝份

使用熨斗的尖端烫开缝份。

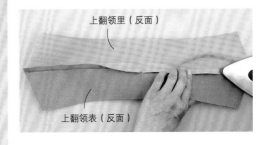

上翻领里（反面）

上翻领表（反面）

③ 熨烫缝份

把两侧的缝份布边对齐，用熨斗按住。

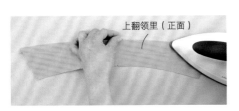

上翻领里（正面）

④ 裁剪缝份

把上翻领再次翻到反面，把熨烫的缝份剪去一半。

上翻领面（反面）

⑤ 缝合上衣领的两端

之前留着没有缝的两端。

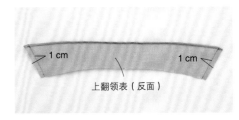

1 cm　　　　　　　　1 cm

上翻领表（反面）

⑥ 裁剪缝份

和上端一样，把缝份剪去一半。

上翻领里（正面）

⑦ 裁剪角上的缝份

在角上的缝线处留 0.2 cm，剪掉多余的缝份。

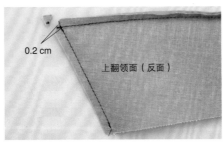

0.2 cm

上翻领面（反面）

⑧ 熨烫缝份

使用熨斗的尖端烫开两端的缝份，要注意尽量只让熨斗碰到缝线处。

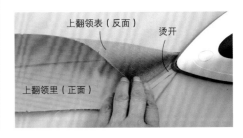

上翻领表（反面）　　烫开

上翻领里（正面）

⑨ 折叠衣领尖的缝份

使上翻领面朝上，把衣领尖的 2 块缝份一起按照缝线的印迹折叠。此处也用熨斗的尖头，保证一开始烫开的缝份不变形。

上翻领表（反面）

上翻领表（反面）

⑩ 把上翻领翻回正面

把大拇指伸进上翻领的角落里，用食指按住领尖的缝份，把上翻领翻回正面。

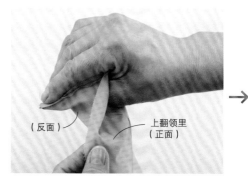

（反面） 上翻领里（正面）

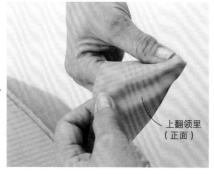

上翻领里（正面）

⑪ 给领尖整型

使用珠针，把领尖里的缝份挑出来。使用珠针的时候要注意不要把缝线挑断了。

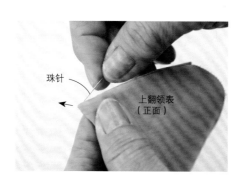

珠针　上翻领表（正面）

⑫ 熨烫整理

确认缝份的两边有没有对齐，熨烫整块上翻领。

上翻领表（正面）

⑬ 在上翻领的周边机缝

在距离上翻领面边缘 0.1 cm 处机缝。

0.1 cm

上翻领表（正面）

⑭ 把上翻领和下领角重叠，用珠针固定

在一块下领角的正面上叠放上翻领。把刀口位对齐，用珠针固定。

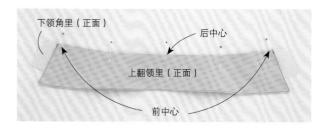

下领角里（正面）　　后中心

上翻领里（正面）

前中心

⑮ 用缝纫机暂时固定

取下珠针，从距离毛边 0.8 cm 处机缝。

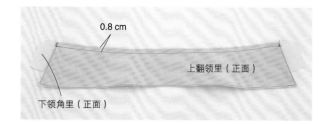

0.8 cm

上翻领里（正面）

下领角里（正面）

⑯ 重叠另一片，用珠针固定

把另一块下领角（下领角面）叠上，对齐刀口位、用珠针固定。

下领角表（反面）

上翻领里（正面）

⑰ 机缝上翻领的衣领底线

用消影记号笔画出净缝线，边取掉珠针边沿净缝线机缝。两端距离毛边 2.2 cm 的地方留下不缝。

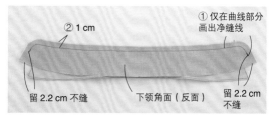

② 1 cm　　　　　① 仅在曲线部分画出净缝线

留 2.2 cm 不缝　　下领角面（反面）　　留 2.2 cm 不缝

要点

下领角的两端留着不缝

把下领角装到衣片时，下领角的末端很难缝，这样缝制就是为了解决这样的问题的。把两端留着不缝，先进行后续的工作。

⑱ 裁剪缝份

缝份剪去一半。

没有缝的部分不要剪

下领角表（反面）

⑲ 整理曲线的缝份

把下领角领尖形成小圆角的部分用粗针距缝纫。

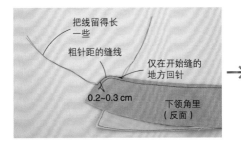

把线留得长一些

粗针距的缝线

仅在开始缝的地方回针

0.2~0.3 cm

下领角里（反面）

把没有回针的那一边的线拉出一根，照缝线的方向拉使缝份回缩，这样做可以形成美观的小圆角。

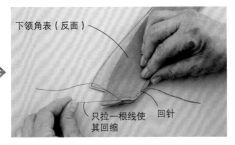

下领角表（反面）

只拉一根线使其回缩

回针

⑳ 把曲线部分用熨斗翻折熨烫

沿着缝线的方向，仅用熨斗折熨小圆角部分。此时要注意下领角是不是在上侧。

下领角表（反面）

沿着缝线折叠

㉑ 把下领角翻回正面

上翻领里（正面）

下领角表（正面）

㉒ 用熨斗整理下领角的缝份

一边改变衣领的方向和正反，一边用熨斗熨烫，注意不要让下领角的拼接处出现凹凸不平。

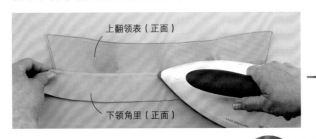

上翻领表（正面）

下领角里（正面）

下领角表（正面）

上翻领里（正面）

㉓ 在下领角的一部分上做造型

在下领角的上领尖处做机缝。下领角表朝上，在距离前中心 3 cm 的位置开始缝。

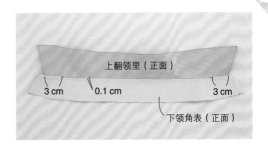

上翻领里（正面）

3 cm　　0.1 cm　　3 cm

下领角表（正面）

要点

下领角的造型分两次做

到此为止，上翻领已接近完成，在装到衣片之前可以缝的地方就把它缝完。做了机缝后上翻领被固定了，之后的步骤也会变得简单。

㉔ 翻折熨烫下领角里的缝份

打开下领角，用熨斗翻折熨烫下领角里的缝份。

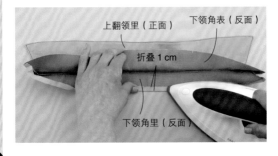

上翻领里（正面）

下领角表（反面）

折叠1 cm

下领角里（反面）

㉕ 把下领角装在衣片上

把下领角表和衣片正面朝里重叠，用珠针密集地固定。　　　边取下珠针，边在距离毛边 1 cm 处机缝。

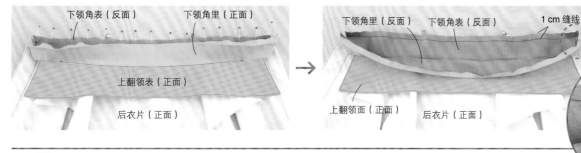

㉖ 把缝份向下领角一侧翻折

一边变换衣片的正反面，一边把缝份翻折到下领角一侧，用熨斗熨烫。

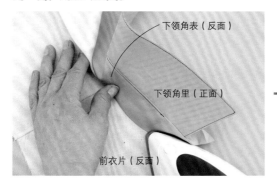 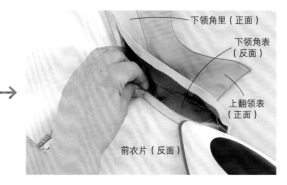

㉗ 缝制下领角剩余的部分

暂时把衣领摆成完成时的样子，确认还没缝好的部分。之后把下领角正面朝里折叠，把下领角里的缝份折成完成时的样子，下领角面的缝份则像图上一样，在打开的状态下用缝纫机把还没缝过的部分缝好。

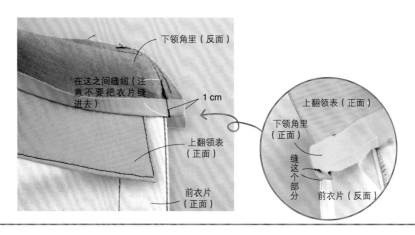

㉘ 把下领角的缝份剪去一半

把缝完部分的缝份剪去一半。

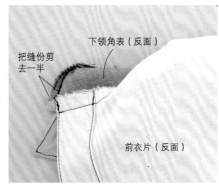

㉙ 整理下领角的缝份

下领角前端的部分打开，把下领角的缝份先向内翻折，再把前领围的缝份翻折到它上面。

把重叠的缝份按原样按住，盖住下领角里。这个步骤后，缝份就被整齐地压制住了。

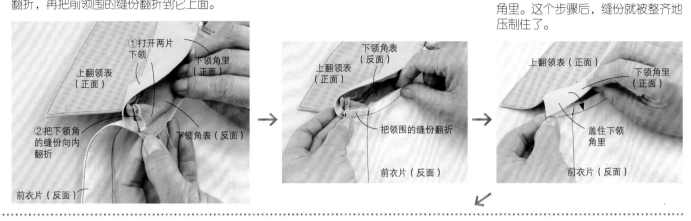

把整理好的缝份用珠针固定住。

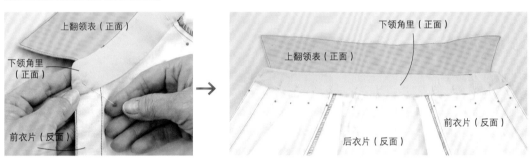

㉚ 在下领角的衣领底线上缭边

边取掉珠针，边缭边。

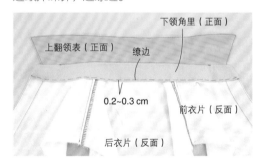

㉛ 在下领角周围做机缝

在下领角上做造型，和23步缝好的造型线重叠 1 cm 左右。

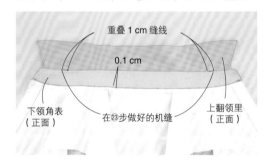

㉜ 去掉缭边线

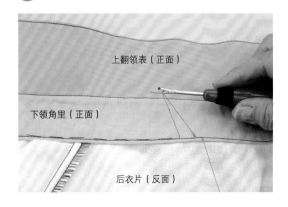

完成！

西装驳领

从坚挺的夹克衫，到休闲的小西装都可以看到西装驳领。它的基本结构包含衣片分开裁剪的领面和与衣片相连的驳领。对初学者来说，先不要选厚面料，从薄款或中等厚度的面料开始，而且领面前端和驳面的尖端最好不要做成太尖的形状。

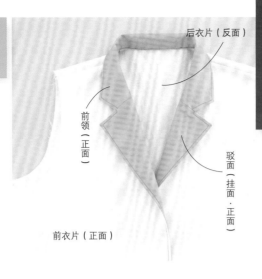

后衣片（反面）
前领（正面）
驳面（挂面·正面）
前衣片（正面）

图纸和裁剪方法

图纸画完后，就制作样板纸。内领要紧接着后片中心并斜裁，这样内领就不会出现棱角，从折痕线折叠就能把它折得圆顺、成型。

要点

缝份的宽度要有差别

大多数情况下缝份都是放 1 cm，但外领和挂面的部分缝份要放 1.2 cm。这是因为衣领在折叠的时候要留出一定余地，有了这个余地衣领的形状才会更美观。加上 0.2 cm 是因为本书假定使用夏衣的薄面料，请根据自己的面料素材进行调节。

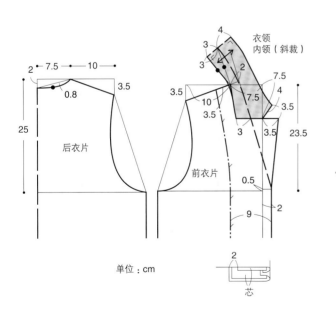

衣领内领（斜裁）

后衣片

前衣片

单位：cm

芯

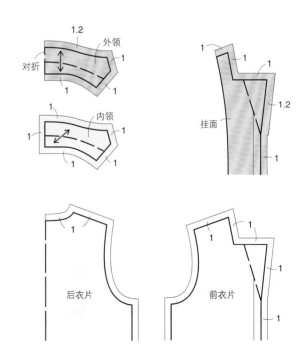

1.2
对折
外领
内领
挂面

后衣片

前衣片

① 贴粘合衬，处理布边

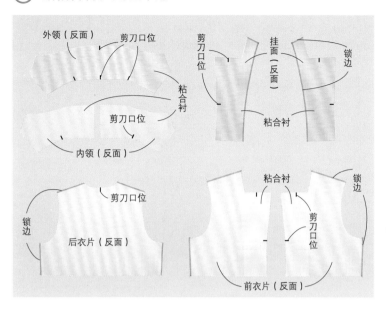

外领（反面）　剪刀口位　剪刀口位　挂面（反面）　锁边
粘合衬
剪刀口位
内领（反面）
锁边
后衣片（反面）
剪刀口位
粘合衬
剪刀口位
锁边
前衣片（反面）

在外领、内领、挂面前衣片的前端贴上粘合衬。在相应的对位点上剪刀口位（长 0.3 cm 左右的刀口）。

要点

在前衣片也贴粘合衬

前衣片衣领底线的转角部分要剪刀口。为了增强这个部分，也为了前端整体上能做得美观，在前衣片上也要贴粘合衬。大小比领口内滚条小 2 cm，要点是在完成后从背面看不见粘合衬。

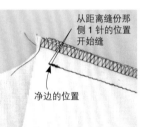

从距离缝份那侧 1 针的位置开始缝

净边的位置

② 缝制肩缝

前衣片和后衣片正面对正面重叠，缝制肩缝。领口内滚条的部分和净边位置要空出一针，从靠近缝份的那一边开始缝。

要点

肩缝领口内滚条的部分留着不缝

为了造型的干净利落，要把前领口内滚条的缝份烫开。前后的缝份折叠的方向是不一样的，这里如果把肩缝全部缝上，之后缝份就会很难折叠，所以一定要留着不缝。

1 cm

后衣片（正面）

前衣片（反面）

③ 烫开缝份

把肩缝的缝份用熨斗烫开。

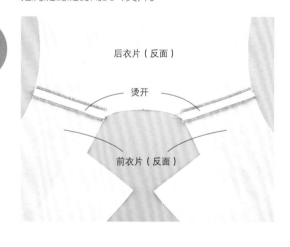

后衣片（反面）

烫开

前衣片（反面）

---

④ 内领的后中心线缝合

把内领正面对正面重叠，缝合后中心线。

1 cm

内领（反面）

⑤ 烫开缝份

展开后中心线的缝头，用熨斗烫开。

烫开

内领（反面）

⑥ 在挂面的衣领底线上做标记线

在挂面的衣领底线的转角部分，用消影记号笔在净边上画上标记线。再把毛边的转角和标记线的转角连接起来，斜向画标记线。

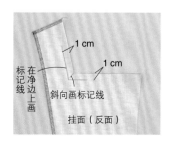

1 cm
1 cm
标记线在净边上画
斜向画标记线
挂面（反面）

⑦ 在挂面上剪刀口位

沿着斜向的标记线剪刀口位，一直剪到离转角标记还剩 0.1~0.2 cm 的地方。

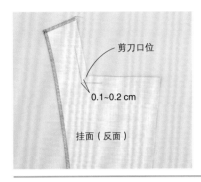

剪刀口位

0.1~0.2 cm

挂面（反面）

⑧ 在外领上做标记

用消影记号笔在外领上距离毛边 1 cm 的位置做标记（放了 1.2 cm 的缝份的地方也在 1 cm 内侧做标记）。如图，在转角的部分、后衣片中心和颈侧点画线。

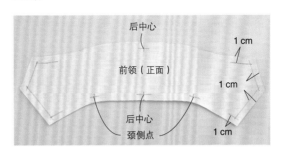

后中心

前领（正面）

1 cm

1 cm

后中心

颈侧点

1 cm

⑨ 缝合外领和挂面

把外领和挂面正面对正面重叠，从衣领底线对位点开始缝到剪刀口位。在开始和结束缝制时务必要回针。

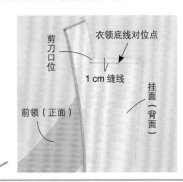

剪刀口位

衣领底线对位点

1 cm 缝线

前领（正面）

挂面（背面）

以挂面的剪刀口为基准折叠，沿着外领的衣领底线把毛边对齐。从刀口开始缝到颈侧点为止。

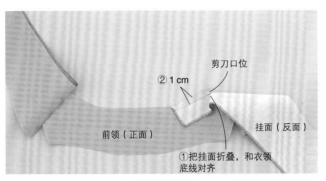

剪刀口位

② 1 cm

前领（正面）

挂面（反面）

①把挂面折叠，和衣领底线对齐

⑩ 烫开缝份

分开衣领底线的缝头，用熨斗烫开。

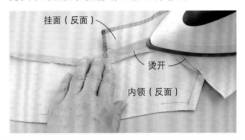

挂面（反面）

烫开

内领（反面）

⑪ 折叠后衣领底线

用熨斗翻折熨烫外领的后衣领底线。

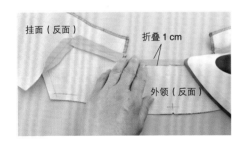

挂面（反面）

折叠 1 cm

外领（反面）

⑫ 在前衣片做标记

在前衣片的衣领底线、驳面的转角部分、衣领底线对位点用消影记号笔之类做标记。和挂面一样，在转角处斜向做标记，剪 0.1~0.2 cm 长的刀口。

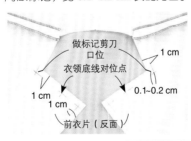

做标记剪刀口位

衣领底线对位点

1 cm

1 cm

0.1~0.2 cm

前衣片（反面）

⑬ 在内领做标记

在内领用消影记号笔在距离毛边 1 cm 处做标记，在颈侧点也画线。

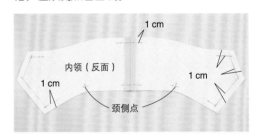

1 cm

内领（反面）

1 cm

1 cm

颈侧点

⑭ 把内领和衣片缝合

把内领和衣片正面与正面重叠，从衣领底线开始缝到刀口的位置为止。

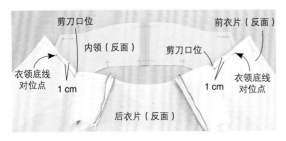

剪刀口位

内领（反面）

前衣片（反面）

剪刀口位

衣领底线对位点

1 cm

衣领底线对位点

1 cm

后衣片（反面）

缝合衣领底线，从一侧的刀口位开始缝到另一侧刀口位。

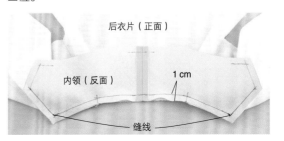

后衣片（正面）

内领（反面）

1 cm

缝线

⑮ 烫开缝份

分开前衣片衣领底线的缝头，用熨斗烫开。

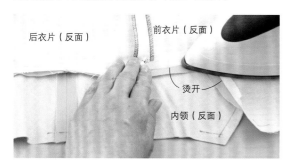

⑯ 把后衣领底线的缝份翻折

肩缝之间，把后衣领底线的缝份向内领一侧翻折。

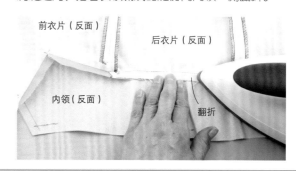

⑰ 把衣领底线的装领缺嘴点进行四片固定

为了让外领和内领的衣领底线正好对齐而进行四片固定，线尾打死环结，从前衣片的反面开始向衣领底线对位点穿针。

由挂面的正面向反面，在衣领底线上穿针。

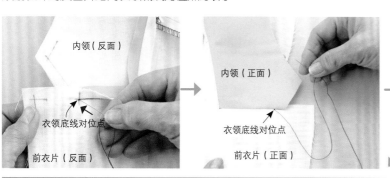

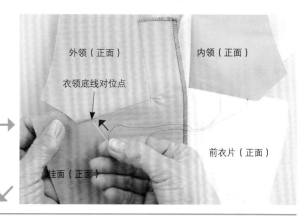

从外领的反面向正面，在衣领底线对位点缝针。

从挂面的反面起在衣领底线上入针（和前一项中缝针的位置相同），在外领的衣领底线对位点处出针。

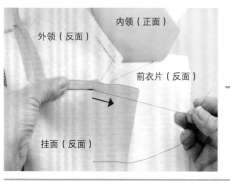

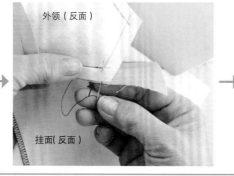

从内领的正面开始，在衣领底线对位点缝针。

从内领的反面开始入针，在最开始缝了针的前衣片反面出针。

拉出线打结，剪断线。

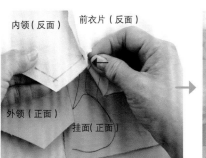

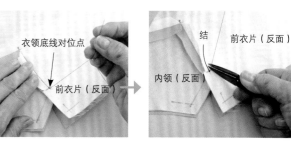

⑱ 缝合领口内滚条

把外领和内领正面朝里折叠，用珠针固定，毛边要正好对齐。

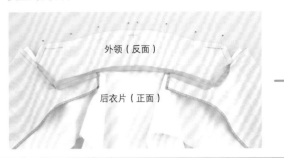

两个衣领底线对位点之间机缝，注意不要把挂面缝份缝进去。

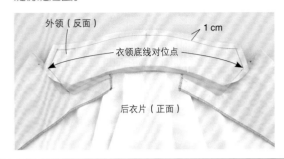

外领（反面）
1 cm
衣领底线对位点
后衣片（正面）

⑲ 在挂面周围缝合领围线

把挂面和前衣片正面对正面，用珠针固定。虽然挂面反面的止口线和缝份宽度有差别，但把毛边对齐的同时，两者就会自然地融为一体。

前衣片（正面）
挂面（反面）
止口线

在挂面的周围沿领围线继续缝合。注意在缝合衣领底线对位点时，不要把缝份也缝进去。

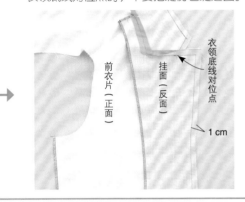

前衣片（正面）
挂面（反面）
衣领底线对位点
1 cm

⑳ 烫开缝份

把领口内滚条、驳面周围、领围线的缝份分开，用熨斗烫开。如果在其中放入长条形烫衣馒头会更容易熨烫。

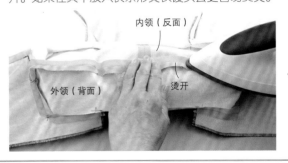

内领（反面）
外领（背面）
烫开

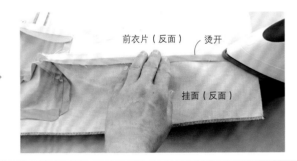

前衣片（反面）
烫开
挂面（反面）

㉑ 剪断领尖的缝份

把领尖的缝份留下 0.2~0.3 cm，剩下的剪掉。

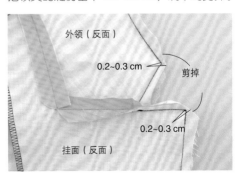

外领（反面）
0.2~0.3 cm
剪掉
0.2~0.3 cm
挂面（反面）

㉒ 翻回正面进行整理

把衣片翻回正面，折角的部分用珠针挑出。一边熨烫一边整理。

内领（正面）
后衣片（正面）
前衣片（正面）

㉓ 把衣领底线分缝后缝合

把衣领底线和挂面朝上，用珠针固定外领的衣领底线。检查要进行分缝缝合的部分。

A 部分进行分缝缝合，围绕着挂面，把缝份用珠针固定。

捏住 A 部分的缝份，机缝上下分开的部分。距离肩缝的毛边 1.5 cm 的部分留着不缝。

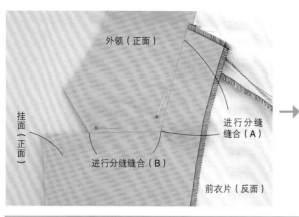

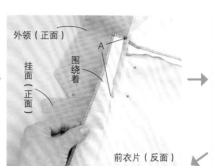

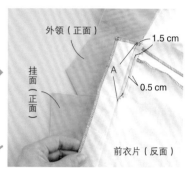

B 部分缝合上下分开的部分。围绕着挂面，把 B 部分的缝份拉出来，进行分缝缝合。

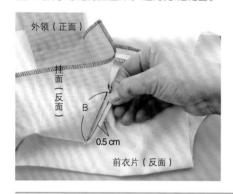

㉔ 处理后衣领底线

把后衣片的缝份塞进衣领中。

把外领盖上，把折印和缝线的边缘对齐，用珠针固定。

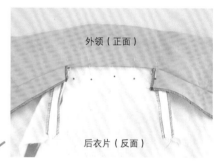

在距离外领折印 0.1 cm 的位置机缝。

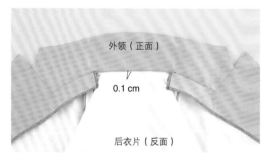

㉕ 处理挂面的尖端

捏住挂面的尖端和衣片肩缝的缝份，机缝。

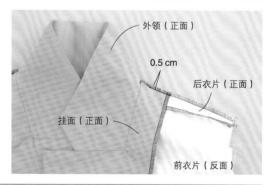

完成!

领边不缉花纹

领边缉花纹

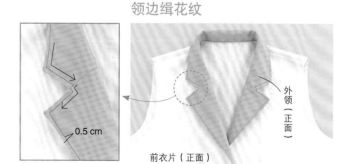

无领、无袖衫的领贴

夏天的女式衬衫或连衣裙上经常见到这种设计。正因为设计简单，更想做出美丽的线条。无领、无袖衫的缝法有很多种，本书现详细解说。

PART8
无领、无袖衫的领贴

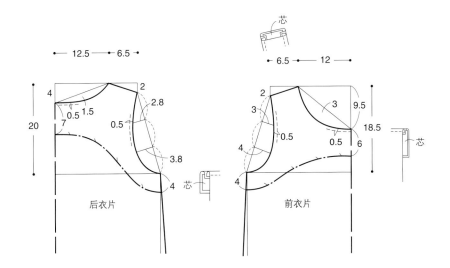

后衣片

前衣片

制图

画领贴线时，要在胸部凸起处之上的地方开始，领贴就不会勾在胸部上，成衣效果干净利落。

① 贴粘合衬

在衣片和领贴的领围、袖窿上放 1 cm 的缝份。在前领贴、后领贴上贴粘合衬，在边缘锁边。在衣片和领贴的前中心和袖窿的中间点上剪刀口位（长 0.3 cm 左右的刀口）做标记。

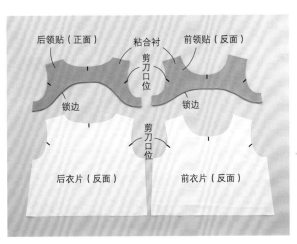

要点

在曲线部分剪刀口位

在缝合衣片和领贴时，为了不让领围线或袖窿线之类的曲线被拉直，要对齐刀口位后再缝。曲线部分的面料很容易被拉直，所以要注意。

② 缝制肩缝

把前衣片和后衣片正面对正面重叠，缝合肩缝。领围部分要从比净边更靠近缝份 1 针距离的地方开始缝。袖窿的部分要比净边多往前缝 1 针的距离。领贴也用同样的方式缝。

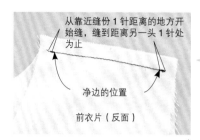

从靠近缝份 1 针距离的地方开始缝，缝到距离另一头 1 针处为止

净边的位置

前衣片（反面）

③ 烫开缝份

分开衣片和领贴肩缝的缝头，熨烫。

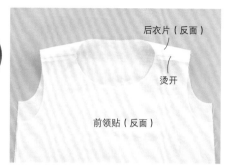

后衣片（反面）

烫开

前领贴（反面）

要点

肩缝的缝份留着不要缝

把领围线、袖窿线翻到正面时，肩缝的缝份分开的那一段会和领围的曲线融为一体，所以缝份要留着不缝。缝份分开了，就和剪刀口位有同样的效果。

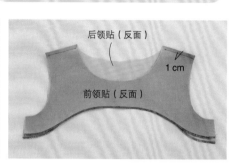

后衣片（正面）

前衣片（反面）

1 cm

后领贴（反面）

前领贴（反面）

1 cm

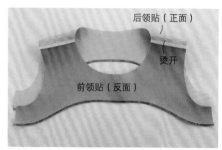

后领贴（正面）

烫开

前领贴（反面）

④ 缝合领围线

把衣片和领贴正面对正面重叠，距毛边 0.9 cm 机缝。

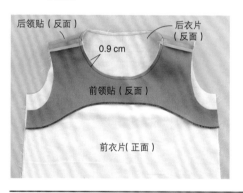

后领贴（反面）

后衣片（反面）

0.9 cm

前领贴（反面）

前衣片（正面）

⑤ 把缝份剪成细条

把领围线的缝份剪剩 0.3 cm 宽。

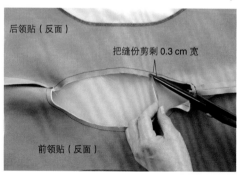

后领贴（反面）

把缝份剪剩 0.3 cm 宽

前领贴（反面）

要点

把缝份剪成细条

把缝份剪细后就不会有异物感，正面效果干净利落。

⑥ 烫开缝份

先把缝份烫开，然后再翻回反面，就会有美观的完成效果。

在烫衣馒头上烫开缝份

前衣片（反面）

前领贴（反面）

⑦ 翻回正面，做造型

翻回正面，在领贴一侧留出 0.1 cm，用熨斗熨烫。

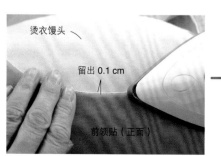

烫衣馒头

留出 0.1 cm

前领贴（正面）

在领围线上机缝一圈。

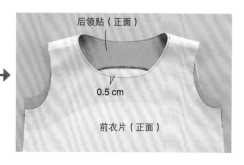

后领贴（正面）

0.5 cm

前衣片（正面）

⑧ 缝合后衣片的袖窿线

把后衣片和后领贴的袖窿线正面对正面重叠。（避开前衣片）在后衣片上留出 0.1 cm，用珠针固定。

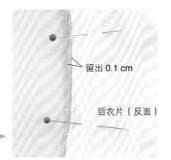

留出 0.1 cm

后衣片（反面）

从另一侧看的状态

后领贴（反面）

后衣片（正面）

避开前衣片

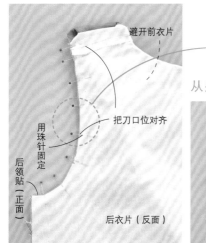

避开前衣片

把刀口位对齐

用珠针固定

后领贴（正面）

后衣片（反面）

缝合后袖窿线。袖底弧线部分要从比净边更靠近缝份 1 针距离的地方开始缝，一直缝到肩缝的 1 针之前。

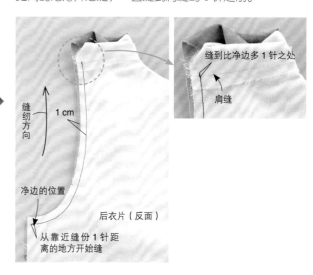

缝纫方向

1 cm

净边的位置

后衣片（反面）

从靠近缝份 1 针距离的地方开始缝

缝到比净边多 1 针之处

肩缝

⑨ 缝合前衣片的袖窿线

避开第⑧步的后衣片，把前衣片和前领贴的袖窿正面对正面重叠。（避开后衣片）在前衣片留 0.1 cm，用珠针固定。

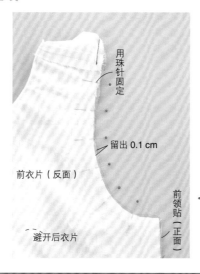

用珠针固定

留出 0.1 cm

前衣片（反面）

避开后衣片

前领贴（正面）

缝合前袖窿线。肩缝的部分和第⑧步的缝线重合 2~3 针开始缝，袖底弧线部分缝到比净边多 1 针的地方为止。

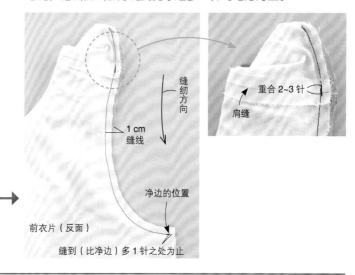

缝纫方向

1 cm 缝线

净边的位置

前衣片（反面）

缝到（比净边）多 1 针之处为止

重合 2~3 针

肩缝

⑩ 把缝份剪成细条

把袖窿线的缝份剪剩 0.3 cm 宽。

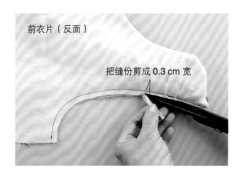

前衣片（反面）

把缝份剪成 0.3 cm 宽

⑪ 烫开缝份

在烫衣馒头上把袖窿线的缝份用熨斗尖端烫开。

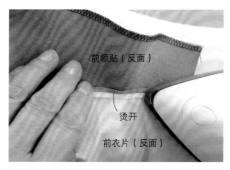

前领贴（反面）

烫开

前衣片（反面）

⑫ 翻回正面整理

翻回正面，把领贴留出 0.1 cm，用熨斗熨烫。对侧的袖窿线也同样缝合。

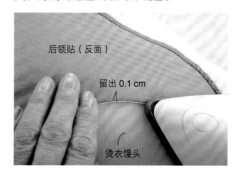

后领贴（反面）

留出 0.1 cm

烫衣馒头

⑬ 缝合侧缝线

把前衣片和后衣片正面对正面重叠，用珠针固定。把领贴卷起来，正面朝里折叠，用珠针固定，缝合侧缝线。

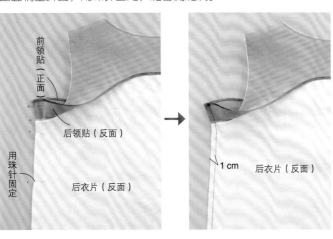

前领贴（正面）

后领贴（反面）

用珠针固定

后衣片（反面）

1 cm　后衣片（反面）

⑭ 缝制衣片的缝份

仅把衣片的 2 块缝份一起用缝纫机锁边。

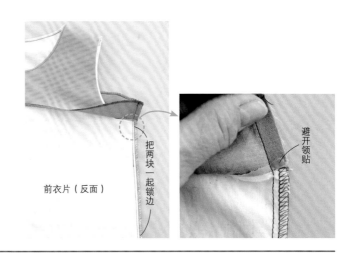

前衣片（反面）

把两块一起锁边

避开领贴

⑮ 烫开领贴的缝份，翻折衣片的缝份

烫开领贴的缝份，把衣片的缝份向后衣片方向翻折。

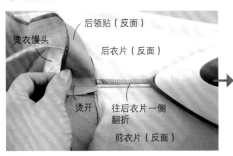

烫衣馒头

后领贴（反面）

后衣片（反面）

烫开

往后衣片一侧翻折

前衣片（反面）

⑯ 剪去袖底弧的缝份

如果袖底弧部分的衣片和领贴的缝份鼓出来一块，就把三角剪掉。薄面料不用剪也可以。

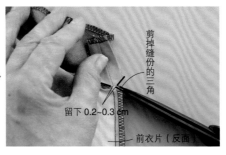

剪掉缝份的三角

留下 0.2~0.3 cm

前衣片（反面）

⑰ 翻回正面整理

把领贴翻回正面，在烫衣馒头上用熨斗熨烫。

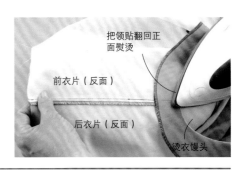

把领贴翻回正面熨烫

前衣片（反面）

后衣片（反面）

烫衣馒头

⑱ 在袖窿线上做造型

在袖窿线上钉上珠针。

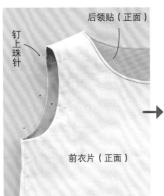

钉上珠针

后领贴（正面）

前衣片（正面）

沿袖窿线机缝一周。

后领贴（正面）

0.5 cm 缝线

前衣片（正面）

⑲ 用滴针法缝合领贴

在衣片侧面的缝份上把领贴用滴针法固定。

后衣片（反面）

滴针

侧缝线

珠针

前衣片（反面）

完成！

后领贴（正面）

前衣片（正面）

钉上珠针，防止布料扭在一起

在缝制的时候，为了防止布料扭在一起，要用珠针固定，这样做简单方便。马上就要完成了，到最后更不能马虎。

要点

单止口袋 I

夹克衫的胸袋或裤子的后袋经常使用单止口袋。此处介绍有袋垫布的，工艺精致的做法。为了让解说便于理解，每个部分的面料颜色都不一样，但实际袋口布和袋垫布与衣片是用同样布料制成的，袋布 A 和袋布 B 由里布制成。

袋口布（正面）

衣片（正面）

制图

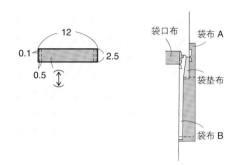

袋口布   袋布 A

袋垫布

袋布 B

12
0.1   2.5
0.5

面料的裁剪方法

袋垫布（表布 粘合衬 各 1 块）

5

袋口尺寸 +3=15
（12）

牵条（粘合衬 1 块）

5

袋口尺寸 +3=15
（12）

袋口布（表布 粘合衬 各 1 块）

0.7
0.7
0.7   ∅ × 2=5
（2.5）
∅
（2.5）

袋口尺寸 +1.4=13.4
（12）

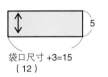

袋布 A

（里布 1 块）   ◎ +2=18（▲）

袋口尺寸 +4=16
（12）   （◎）

2   袋布 B
1.7

（里布 1 块）   ▲ − 1.8=16.2
（18）

单位：cm

① 裁断面料，贴粘合衬

参照左下图面料的裁剪方法，裁剪面料。在袋垫布和袋口布上贴粘合衬。

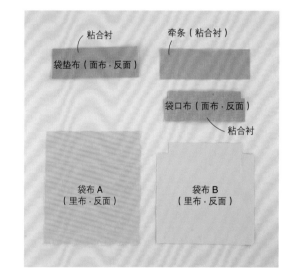

粘合衬   牵条（粘合衬）

袋垫布（面布·反面）

袋口布（面布·反面）

粘合衬

袋布 A
（里布·反面）

袋布 B
（里布·反面）

② 锁边

在袋布 A 的上端和袋垫布的下端锁边。

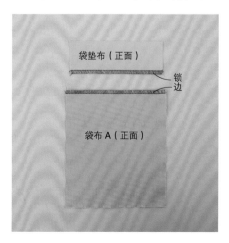

袋垫布（正面）

锁边

袋布 A（正面）

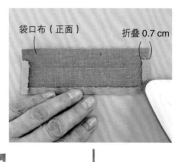

③ 在衣片上做单止口袋的标记

用记号笔之类在衣片的正面上画上净边的标记线。

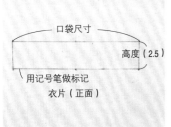

口袋尺寸
高度（2.5）
用记号笔做标记
衣片（正面）

④ 贴牵条（粘合衬）

在衣片的反面贴牵条（粘合衬）。

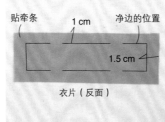

贴牵条
1 cm
净边的位置
1.5 cm
衣片（反面）

⑤ 把袋口布折成净边的形状

用熨斗烫折袋口布的缝份，做成净边的形状。

袋口布（正面）
折叠 0.7 cm

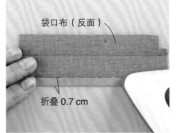

袋口布（反面）
折叠 0.7 cm

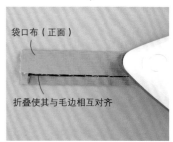

袋口布（正面）
折叠使其与毛边相互对齐

⑥ 把衣片和袋口布缝合

把衣片和袋口布用珠针固定，用缝纫机缝合。

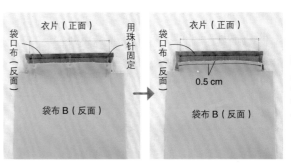

把折印和标记对齐
衣片（正面）
0.7 cm
用珠针固定
袋口布（反面）

衣片（正面）
缝线
袋口布（反面）

⑦ 袋口布（反面）

把袋口布和袋布 B 正面对正面重叠，珠针固定，再机缝。

衣片（正面）
袋口布（反面）
用珠针固定
袋布 B（反面）

衣片（正面）
袋口布（反面）
0.5 cm
袋布 B（反面）

袋口布（反面）
袋布 B（反面）

⑧ 把袋垫布固定在衣片上，做标记

把袋垫布和袋口布互相对齐，在衣片上用珠针固定。在袋垫布上用记号笔在袋口位置和从袋口起向内 0.3 cm 处做标记。

袋口的位置
0.3 cm
0.5 cm
a

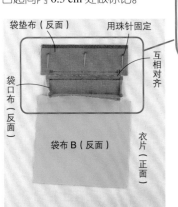

袋垫布（反面）
用珠针固定
互相对齐
袋口布（反面）
袋布 B（反面）
衣片（正面）

⑨ 缝合袋垫布和衣片

把第⑧步做了标记的 a 区间缝合。

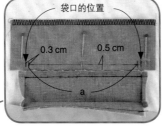

袋垫布（反面）
a
0.5 cm
缝线
袋布 B（反面）
衣片（正面）

⑩ 在袋垫布上剪刀口位

在袋垫布a的位置向内 0.5 cm 处的缝份上剪刀口位。

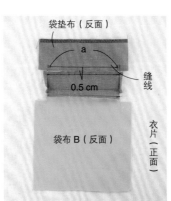

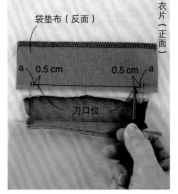

袋垫布（反面）
衣片（正面）
a
0.5 cm
0.5 cm
a
刀口位

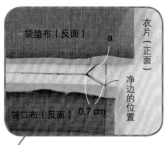

袋垫布（反面）

衣片（正面）

a

净边的位置

袋口布（反面）　0.7 cm

⑪ 在剪刀口位做标记

用记号笔之类在衣片的袋垫布和袋口布之间，在将要剪刀口位的位置做标记。

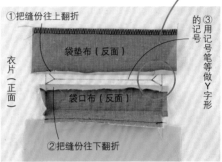

①把缝份往上翻折

袋垫布（反面）

衣片（正面）

③用记号笔等做Y字形的记号

袋口布（反面）

②把缝份往下翻折

⑫ 剪 Y 字形的刀口位

在第⑪步做了标记的位置剪刀口位。

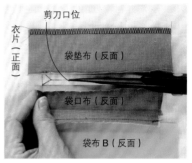

剪刀口位

衣片（正面）

袋垫布（反面）

袋口布（反面）

袋布 B（反面）

剪好刀口位的状态

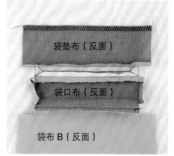

袋垫布（反面）

袋口布（反面）

袋布 B（反面）

---

⑬ 把袋垫布塞到反面

从剪了刀口位的地方开始，把袋垫布塞到反面。

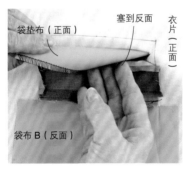

袋垫布（正面）

塞到反面

衣片（正面）

袋布 B（反面）

⑭ 整理缝份

把衣片翻到反面，在第⑩步剪的袋垫布刀口位的位置，使两侧的缝份在上方，把中间的缝份烫开。

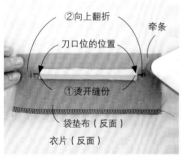

②向上翻折

牵条

刀口位的位置

①烫开缝份

袋垫布（反面）

衣片（反面）

⑮ 把袋垫布和袋布 A 暂时连接在一起

在袋垫布的缝份部分，用熨斗把双面胶带粘在上面。

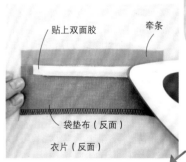

贴上双面胶

牵条

袋垫布（反面）

衣片（反面）

把纸撕去。

把袋布 A 的上端和牵条的上端重合对齐。在双面胶带的位置用熨斗熨烫，把袋布 A 暂时固定住。

⑯ 压暗线

从衣片的正面起压暗线。

反面的状态

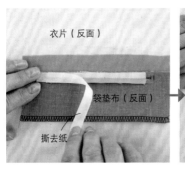

衣片（反面）

袋垫布（反面）

撕去纸

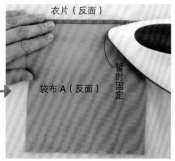

衣片（反面）

袋布 A（反面）

暂时固定

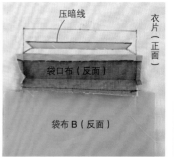

压暗线

衣片（正面）

袋口布（反面）

袋布 B（反面）

衣片（反面）

袋布 A（反面）

⑰ **剪刀口位**

在袋口布的缝份上剪刀口位。

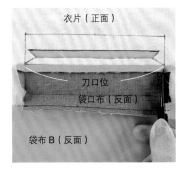

⑱ **把袋布 B 塞到反面**

从剪了刀口位的地方开始，把袋布 B 塞到反面。
把衣片翻到反面，用熨斗整烫缝份。

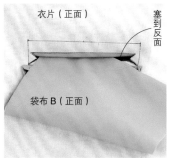

⑲ **把袋垫布的下端和袋布 A 暂时固定**

在袋垫布的反面贴双面胶带。

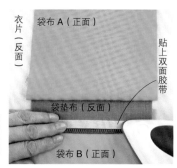

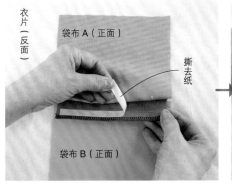

⑳ **翻折衣片下端的缝份**

捞起袋布 A、B，把衣片下端的缝份往下端翻折。

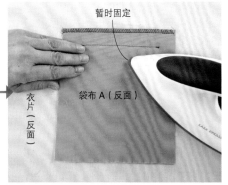

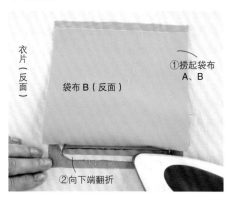

㉑ **把袋口布整理成完成时的样子**

把衣片翻到正面，捞起袋口布，把两端的缝份拉出来。

把袋口布两端的缝份向内侧翻折。

把袋口布整理成完成时的样子。

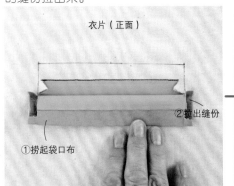

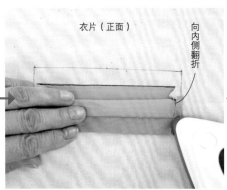

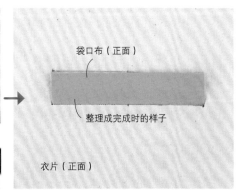

㉒ 把袋口布两端的缝份往下端拉出

把衣片翻到反面，捞起袋布A，把袋口布两端的缝份往下端拉出。

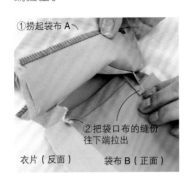

①捞起袋布A

②把袋口布的缝份往下端拉出

衣片（反面）　　袋布B（正面）

㉓ 把袋垫布机缝在袋布A上

机缝，距边0.3 cm。

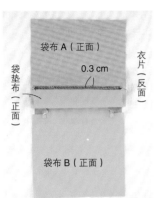

袋布A（正面）

0.3 cm

衣片（反面）

袋垫布（正面）

袋布B（正面）

㉔ 对齐缝份缭边

掀起袋布B，把缝份互相对齐然后缭边。

回到第㉓步的状态。

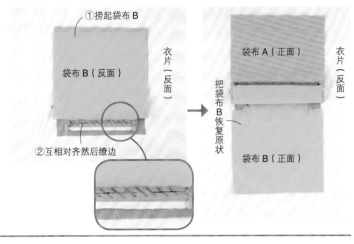

①捞起袋布B

袋布B（反面）

衣片（反面）

②互相对齐然后缭边

袋布A（正面）

衣片（反面）

把袋布B恢复原状

袋布B（正面）

㉕ 缭边

把衣片翻到正面，把袋口布两端的缝份缭边。

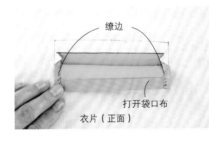

缭边

打开袋口布

衣片（正面）

㉖ 把衣片的缝份固定在袋布B上

把衣片翻到反面，避开袋布A。缝合衣片袋口布边线的缝份。

把袋布A向下翻折。

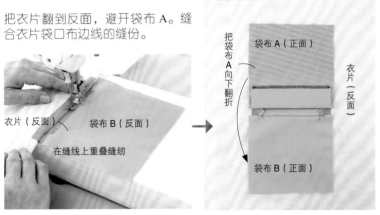

衣片（反面）　　袋布B（反面）

在缝线上重叠缝纫

袋布A（正面）

把袋布A向下翻折

衣片（反面）

袋布B（正面）

㉗ 在袋口布上做造型

在袋口布正面的两端，各机缝两条线。

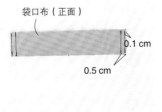

袋口布（正面）

0.1 cm

0.5 cm

衣片（正面）

㉘ 袋布A、B缝合

把衣片翻到反面，把袋布A和袋布B对齐，机缝一周。

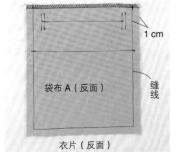

1 cm

袋布A（反面）

缝线

衣片（反面）

㉙ 锁边

在袋布A和袋布B的周边锁边。

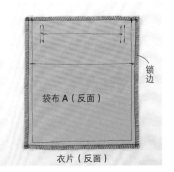

袋布A（反面）

锁边

衣片（反面）

完成！

袋口布（正面）

衣片（正面）

PART10
单止口袋 Ⅱ

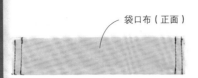

袋口布（正面）

衣片（正面）

单止口袋 Ⅱ

经常用于单层夹克衫或女式衬衫之类衣物的口袋。47 页第一部分介绍了有袋垫布的单止口袋的做法，第二部分则是配件更少，更能简单完成的缝法。各位一定要试着挑战一下。

面料的裁剪方法

袋口布（面布 粘合衬 各 1 块）

袋口布的高度 ×2+1.4=6.4
（2.5）

袋口尺寸 +1.4=13.4
（12）

牵条（1 块）

5

袋口尺寸 +3=15
（12）

袋布（里布 1 块）

1

1.5 　 1.5

$\frac{\phi}{2}$

袋口布的高度 +ϕ +1.7=24.2
（2.5）

袋布的高度 ×2=20
（10）（ϕ）

袋口尺寸 +3=15
（12）

单位：cm

制图

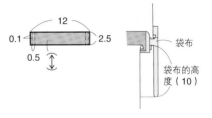

12

0.1 　 2.5

0.5

袋布

袋布的高度（10）

① 剪裁布料，贴粘合衬

参照左图面料的裁剪方法，进行剪裁。在袋口布上贴粘合衬。

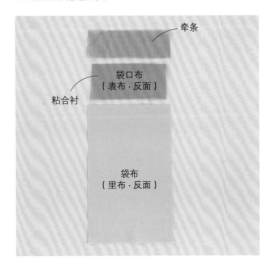

牵条

袋口布
（表布·反面）

粘合衬

袋布
（里布·反面）

② 锁边

在袋布的下端锁边。

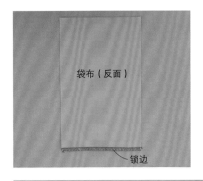

袋布（反面）

锁边

③ 在衣片上做单止口袋的标记

用记号笔在衣片的正面上画上净边的标记线。

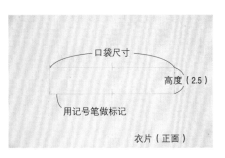

口袋尺寸

高度（2.5）

用记号笔做标记

衣片（正面）

④ 贴牵条（粘合衬）

在衣片的反面贴牵条。

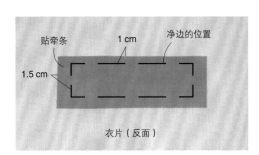

贴牵条　1 cm　净边的位置

1.5 cm

衣片（反面）

用珠针挑出角

袋口布（正面）

要点

把角挑出来

用珠针等把角挑出来。做出美观的角，可以使完成品很美观。挑出角之后，用熨斗熨烫整理。

⑤ 制作袋口布

把袋口布一折为二，用熨斗熨烫。

袋口布（反面）

一折为二

缝合袋口布的两端。

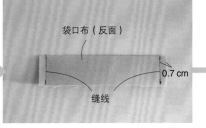

袋口布（反面）

0.7 cm

缝线

把袋口布翻回正面，用熨斗熨烫。

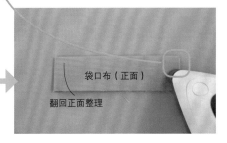

袋口布（正面）

翻回正面整理

---

⑥ 把袋口布固定在衣片上

把袋口布和衣片净边位置之上 0.7 cm 处对齐，缲边。

⑦ 把衣片和袋口布、袋布缝合

把袋布对齐袋口布的上端，用珠针固定。

距上端 0.7 cm（袋口布的净边的位置）处机缝。

把第⑥步的缲边线去掉。

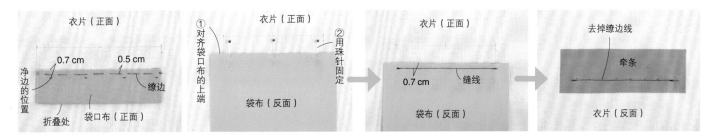

衣片（正面）

0.7 cm　0.5 cm

净边的位置

折叠处　袋口布（正面）

缲边

①对齐袋口布的上端

衣片（正面）

②用珠针固定

袋布（反面）

衣片（正面）

0.7 cm　缝线

袋布（反面）

去掉缲边线

牵条

衣片（反面）

⑧ 在衣片做标记

用记号笔在衣片上剪刀口位的位置做标记。

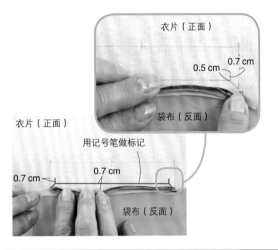

衣片（正面）

0.5 cm　0.7 cm

袋布（反面）

衣片（正面）

用记号笔做标记

0.7 cm　　0.7 cm

袋布（反面）

⑨ 在衣片上剪刀口位

在第⑧步做了标记的位置剪刀口位。剪时用另一只手轻轻捏住布，会比较容易剪。

袋布（反面）

衣片（正面）

刀口位

一直剪到边缘处

衣片（正面）

剪好刀口位的状态

衣片（正面）

袋布（反面）

⑩ 翻折袋布的缝份

把袋布的缝份向下翻折用熨斗熨烫。

衣片（正面）

向下翻折

袋布（反面）

⑪ 翻折衣片的缝份

在第⑨步剪刀口位之处把衣片的缝份向上翻折熨烫。

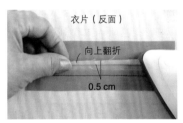

衣片（反面）

向上翻折

0.5 cm

缝份被翻折后的状态

反面

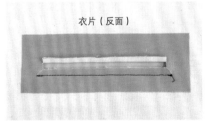

衣片（反面）

正面

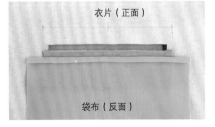

衣片（正面）

袋布（反面）

⑫ 把袋布塞到衣片的反面

从剪刀口位的位置起把袋布塞到反面，然后抽出来。

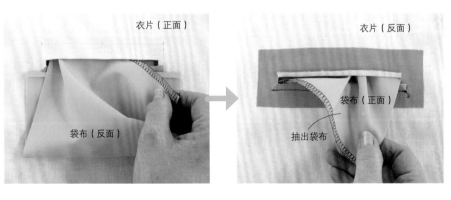

衣片（正面）

袋布（反面）

衣片（反面）

袋布（正面）

抽出袋布

把袋布从反面抽出后的状态

衣片（反面）

袋布（正面）

⑬ **把袋口布往上翻折**

用熨斗把袋口布向上翻折熨烫。

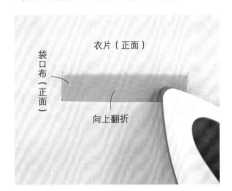

衣片（正面）

袋口布（正面）

向上翻折

⑭ **熨烫袋布的缝份**

整理袋布的缝份。

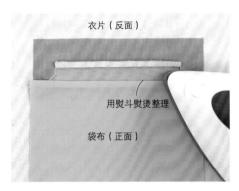

衣片（反面）

用熨斗熨烫整理

袋布（正面）

---

⑮ **折叠袋布**

折叠袋布，上端和牵条上端对齐。

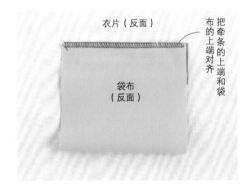

衣片（反面）

把牵条的上端和袋布的上端对齐

袋布（反面）

⑯ **把袋布两端用珠针固定，缲边**

避开衣片，把两块袋布用珠针固定。

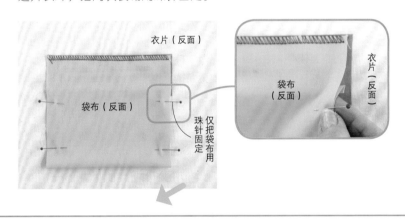

衣片（反面）

袋布（反面）

仅把袋布用珠针固定

袋布（反面）

衣片（反面）

在用珠针固定好的袋布两端缲边。

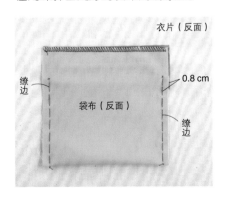

衣片（反面）

缲边

0.8 cm

袋布（反面）

缲边

袋布翻起后的状态

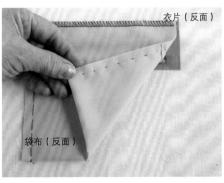

衣片（反面）

袋布（反面）

⑰ **把衣片和袋布用珠针固定**

避开袋口布，把衣片和袋布在刀口位的位置上用珠针固定。

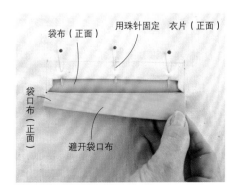

袋布（正面）

用珠针固定　衣片（正面）

袋口布（正面）

避开袋口布

⑱ 把衣片和袋布缝合

在刀口位的边缘缝合衣片和袋布。

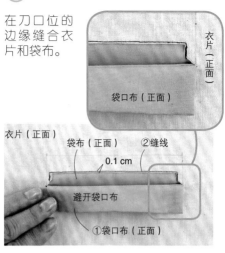

衣片（正面）
袋布（正面）
②缝线
0.1 cm
避开袋口布
①袋口布（正面）
衣片（正面）
袋口布（正面）

反面的状态

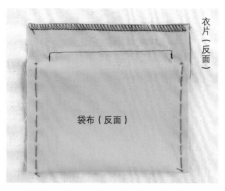

衣片（反面）
袋布（反面）

⑲ 在袋口布上做造型

在袋口布的两端各缉两条明线

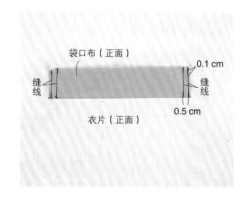

袋口布（正面）
0.1 cm
缝线
缝线
0.5 cm
衣片（正面）

⑳ 把袋布的两端缝合

避开衣片，把袋布缝合。

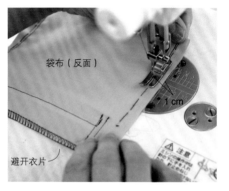

袋布（反面）
避开衣片

缝合后的状态

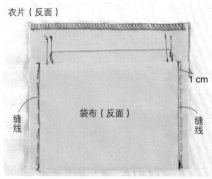

衣片（反面）
1 cm
袋布（反面）
缝线
缝线

㉑ 去掉袋布的缭边线

把第⑯步的缭边线去掉。

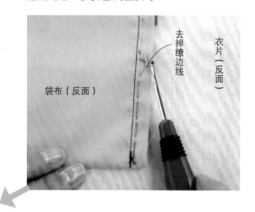

袋布（反面）
去掉缭边线
衣片（反面）

㉒ 在袋布的两端锁边

用熨斗熨烫整理袋布。

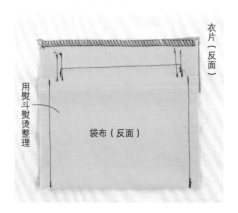

衣片（反面）
用熨斗熨烫整理
袋布（反面）

在袋布的两端，2块布一起锁边。

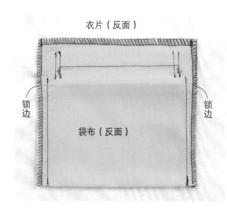

衣片（反面）
锁边
锁边
袋布（反面）

完成！

袋口布（正面）
衣片（正面）

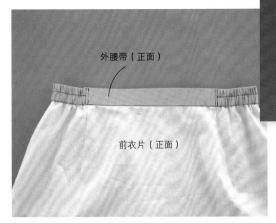

两侧有橡皮筋的腰带

在裙子的腰带上时常看到橡皮筋的设计，这种款式方便穿脱又穿着舒适。那么如何连接腰衬布和橡皮筋呢？

外腰带（正面）

前衣片（正面）

PART11
两侧穿橡皮筋的腰带

制图

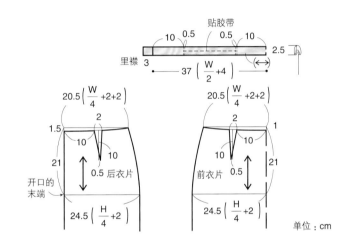

贴胶带

里襟 3

10　0.5　0.5　10　2.5

$37\left(\dfrac{W}{2}+4\right)$

$20.5\left(\dfrac{W}{4}+2+2\right)$　　$20.5\left(\dfrac{W}{4}+2+2\right)$

2　　2

1.5　10　10　　10　10　1

21　0.5 后衣片　　　前衣片 0.5　21

开口的末端

$24.5\left(\dfrac{H}{4}+2\right)$　　$24.5\left(\dfrac{H}{4}+2\right)$

单位：cm

面料、橡皮筋、腰衬布的裁剪方法

把橡皮筋装到腰带上时，橡皮筋尺寸比 W（腰围）减少 8%~10% 较为适合。为了便于计算，这里介绍的是减少约 9% 的尺寸。请根据需要调节。在腰带布的前中心、橡皮筋和腰衬布拼接的地方按等分剪刀口位（长度约 0.3 cm 的刀口）作为标记。腰衬布要用可以粘贴的类型。

① 进行裁剪

参照制图的裁剪方法，裁剪腰带、橡皮筋、腰衬布。在已经装好拉链的短裙上装上腰带。

※ ●的数字是缝份的尺寸。

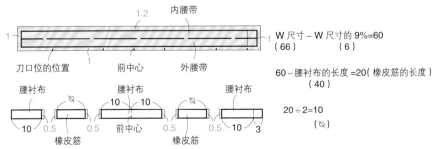

1.2　内腰带

1　　　　1

刀口位的位置　　前中心　　外腰带

腰衬布　　　腰衬布　　　腰衬布

10　0.5　0.5　10　10　0.5　0.5　10　3

橡皮筋　　　前中心　　橡皮筋

W 尺寸 – W 尺寸的9%=60
（66）　　　（6）

60 – 腰衬布的长度 =20（橡皮筋的长度）
（40）

20 ÷ 2=10
（⊘）

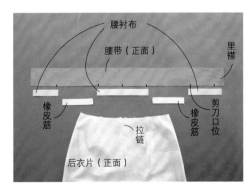

腰衬布

腰带（正面）

里襟

橡皮筋

拉链

剪刀口位

橡皮筋

后衣片（正面）

② 贴腰衬布

在腰带上用熨斗把腰衬布暂时固定。

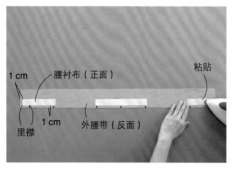

- 1 cm
- 腰衬布（正面）
- 粘贴
- 里襟
- 1 cm
- 外腰带（反面）

③ 折叠内腰带的边缘

把内腰带的边缘用熨斗烫折 1 cm。

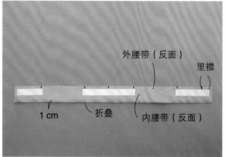

- 外腰带（反面）
- 里襟
- 1 cm
- 折叠
- 内腰带（反面）

④ 把外腰带和裙子缝合

把外腰带和裙子正面对正面重叠，用珠针固定。

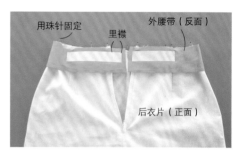

- 用珠针固定
- 里襟
- 外腰带（反面）
- 后衣片（正面）

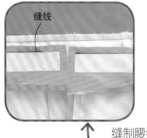

- 缝线

缝制腰线。

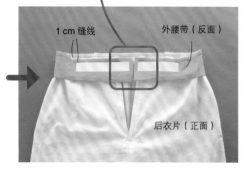

- 1 cm 缝线
- 外腰带（反面）
- 后衣片（正面）

⑤ 折叠腰带

翻回正面，用熨斗折叠熨烫净边。在这里把折印事先做好。

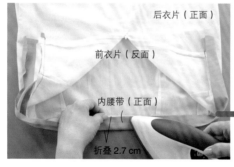

- 后衣片（正面）
- 前衣片（反面）
- 内腰带（正面）
- 折叠 2.7 cm

外腰带的宽度是 2.5 cm，内腰带的宽度是 2.7 cm，也就是内侧要长出 0.2 cm，这是为了之后用压暗线的方法缝合内腰带。

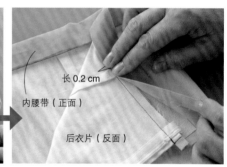

- 长 0.2 cm
- 内腰带（正面）
- 后衣片（反面）

腰带折叠好的状态

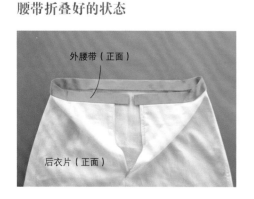

- 外腰带（正面）
- 后衣片（正面）

⑥ 缝合腰带的两端

把腰带再次翻到反面，缝合两端。

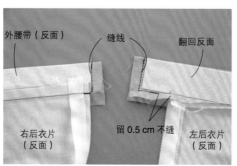

- 外腰带（反面）
- 缝线
- 翻回反面
- 右后衣片（反面）
- 留 0.5 cm 不缝
- 左后衣片（反面）

要点

在装橡皮筋之前把能缝的地方都缝好

　装了橡皮筋以后布料会起皱变得难以缝制，所以要趁布料是平的，尽量把能缝的地方都事先缝好。

⑦ **把腰带翻回正面整理**

把腰带两端的缝份向外腰带一侧折叠，翻回正面。

用珠针把角挑出来。

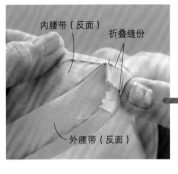

内腰带（反面）
折叠缝份
外腰带（反面）

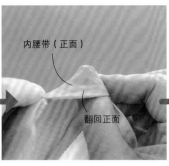

内腰带（正面）
翻回正面

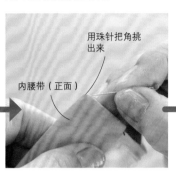

用珠针把角挑出来
内腰带（正面）

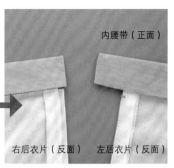

内腰带（正面）
右后衣片（反面）　左后衣片（反面）

---

⑧ **橡皮筋的两端暂时固定**

把橡皮筋和腰衬布重叠1 cm，用粗针距的缝线暂时固定。

正面

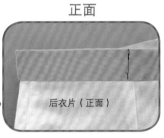

后衣片（正面）

另一侧也同样暂时固定。

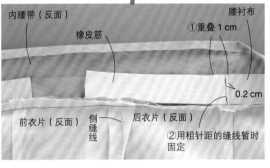

内腰带（反面）
橡皮筋
①重叠1 cm
腰衬布
0.2 cm
前衣片（反面）
侧缝线
后衣片（反面）
②用粗针距的缝线暂时固定

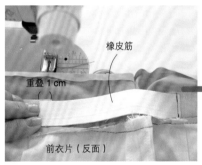

橡皮筋
重叠1 cm
前衣片（反面）

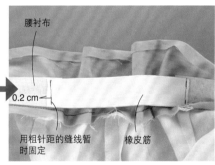

腰衬布
0.2 cm
用粗针距的缝线暂时固定
橡皮筋

---

⑨ **在内腰带上缭边**

把腰带翻回正面，在内腰带折叠的那一边上缭边。

做到橡皮筋部分时，一边把橡皮筋拉长一边缭边。

缭边完成的状态

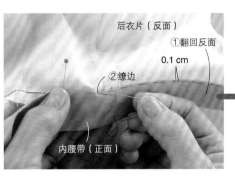

后衣片（反面）
①翻回反面
0.1 cm
②缭边
内腰带（正面）

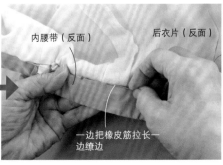

内腰带（反面）
后衣片（反面）
一边把橡皮筋拉长一边缭边

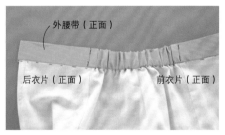

外腰带（正面）
后衣片（正面）　　前衣片（正面）

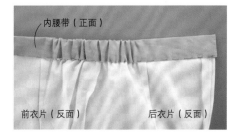

内腰带（正面）
前衣片（反面）　　后衣片（反面）

压暗线完成后的状态

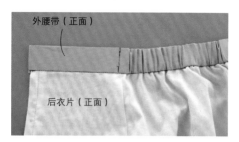

外腰带（正面）

后衣片（正面）

内腰带（正面）

后衣片（反面）

⑩ 压暗线

用压暗线的方法缝制内腰带。缝到橡皮筋部分时，一边拉长橡皮筋，一边缝线。

去掉第⑨步的缭边线。

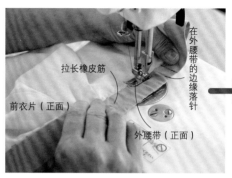

在外腰带的边缘落针

拉长橡皮筋

前衣片（正面）

外腰带（正面）

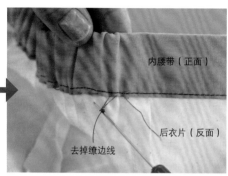

内腰带（正面）

后衣片（反面）

去掉缭边线

---

⑪ 橡皮筋的两端倒回针

在腰带橡皮筋的两端倒回针缝双股线。用这种缝法把外腰带、内腰带、腰衬布缝合。

把第⑧步暂时固定橡皮筋用的缝线去掉。

倒回针缝完的状态

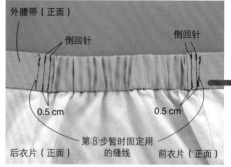

外腰带（正面）

倒回针

倒回针

0.5 cm

0.5 cm

第⑧步暂时固定用的缝线

后衣片（正面）

前衣片（正面）

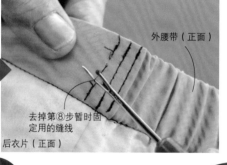

外腰带（正面）

去掉第⑧步暂时固定用的缝线

后衣片（正面）

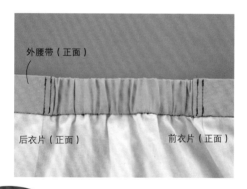

外腰带（正面）

后衣片（正面）

前衣片（正面）

要点

缝合橡皮筋

预先这样做好，就可以防止橡皮筋起破或者断裂。

⑫ 缝合橡皮筋部分

在倒回针的两端之间，边拉长橡皮筋，边在中心缝合。

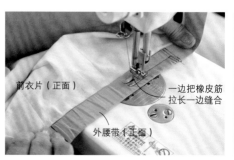

前衣片（正面）

一边把橡皮筋拉长一边缝合

外腰带（正面）

橡皮筋缝好的状态

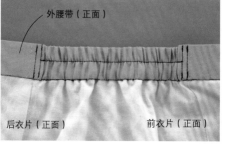

外腰带（正面）

后衣片（正面）

前衣片（正面）

完成！

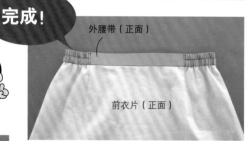

外腰带（正面）

前衣片（正面）

外腰带（正面）

后衣片（正面）

有开衩的袖子

在夹克衫的袖子上经常见到这种设计。有了开衩，方便手腕活动，袖口卷起来穿，更美丽俏皮。为了让解说更便于理解，袖贴用了袖面不同的颜色的布料。实际操作中可由个人喜好，选择相同或不同的面料。

内袖面（正面）　　外袖面（正面）

制图

后衣片　　　前衣片

1.8　1.8
△ +3.5　　15　　1.3
0.8　　　　　2.5
袖子　　10　　16
0.5　0.5
袖叉末端　　　　25
8　0.5　　6　0.5　8
0.9　　　19　　1 交叉
0.6

里布
芯

面料的裁剪方法

在袖贴和开衩部分的缝份上贴粘合衬。在袖山线、袖肘线、后袖山线之上至袖肘线的中间点、袖叉末端的位置剪刀口位（0.3 cm 的刀口）做标记。准确对齐刀口位进行缝制是造型美观的关键。

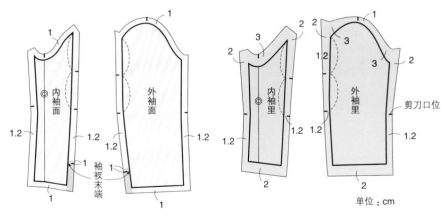

内袖面　　外袖面　　内袖里　　外袖里　　剪刀口位
袖叉末端

单位：cm

※ 在 ▨ 的部分贴粘合衬。

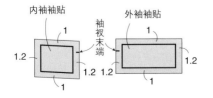

内袖袖贴　　外袖袖贴
袖叉末端

61

① 裁剪

参照 P61 的裁剪方法进行裁剪。

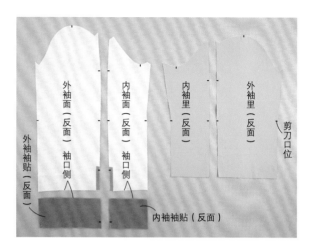

② 缝合袖面

把外袖面和内袖面正面重叠并缝合。

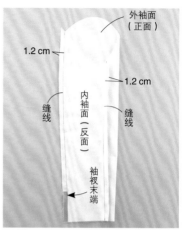

③ 缝合袖里

把外袖里和内袖里正面对正面重叠并缝合。考虑到要多放些座缝※，在距离毛边 1 cm 之处缝制。

※ 座缝：考虑到面布会伸长，把里布留得宽松一些

④ 缝合袖贴

把外袖的袖贴和内袖的袖贴正面对正面重叠并缝合。

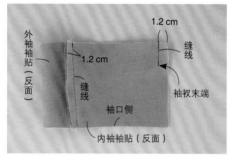

⑤ 烫开袖面、袖贴的缝份

在烫衣馒头上，把缝份烫开。

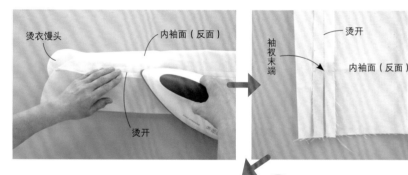

烫开袖贴的缝份。开衩部分也要充分放出缝份。

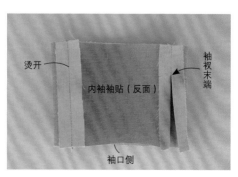

⑥ 翻折内袖的缝份

留出 0.2 cm 的座缝，把缝份向外袖里一侧翻折。

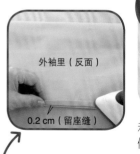

要点 **按照容易缝纫的顺序来缝合**

这里也可以把袖贴和袖里缝合，但是为了让开衩部分容易缝，要先缝合袖面和袖贴。

和对侧的缝份一样，把缝份向外袖里一侧翻折。

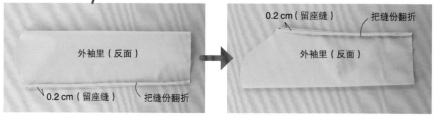

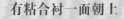

⑦ **缝合袖面和袖贴**

把袖面和袖贴正面对正面重叠，用珠针固定袖口。

把袖面和袖贴缝合。从缝线开叉位开始缝，缝纫时注意避开另一面，不要把另一面也缝进去。

继续缝制袖口的一圈。

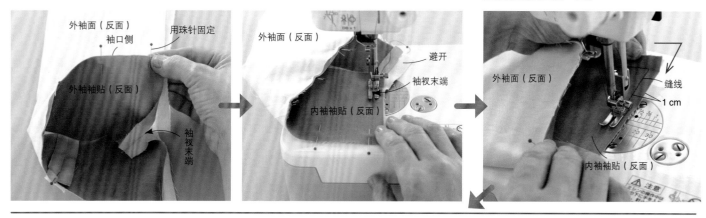

缝完时要注意避开另一面，不要把它缝进去。

袖面和袖贴缝好的状态

⑧ **把袖贴翻回正面**

把袖口的缝份烫开。

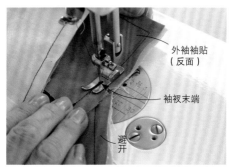

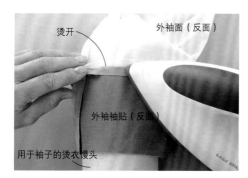

把开衩部分的缝份烫开。

把袖口的缝份在净边处折叠，形成自然的折痕。

把开衩角部的缝份剪掉。

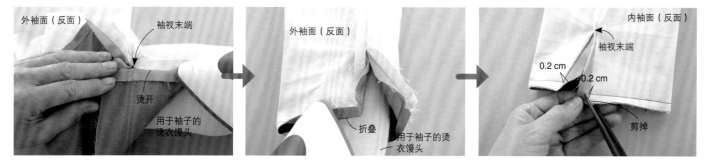

一边按住已形成自然折痕的缝份，一边把
袖贴翻回正面。

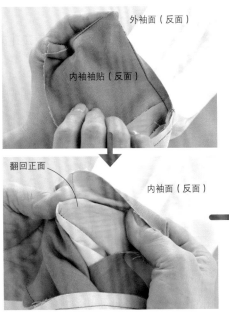

外袖面（反面）

内袖袖贴（反面）

翻回正面

内袖面（反面）

用珠针之类把角挑出来。

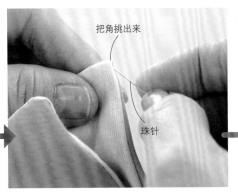

把角挑出来

珠针

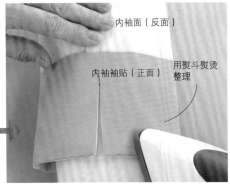

内袖面（反面）

内袖袖贴（正面）

用熨斗熨烫整理

---

⑨ 在袖口做造型

从袖面一侧袖底开始缝制。

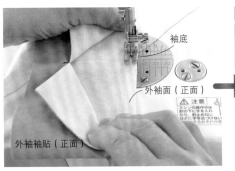

袖底

外袖面（正面）

外袖袖贴（正面）

⚠ 注意

继续缝制袖口的一圈。缝合开衩的上端时，
要把开叉严格地互相对齐，笔直缝制。

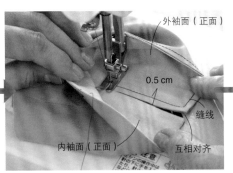

外袖面（正面）

0.5 cm

缝线

内袖面（正面）

互相对齐

从袖面角度看的状态

外袖面（正面）

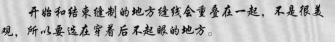

开始和结束缝制的位置

开始和结束缝制的地方缝线会重叠在一起，不是很美观，所以要选在穿着后不起眼的地方。

要点

---

⑩ 把袖贴和袖里缝合

把袖贴和袖里的正面对正面重叠，用珠针固定。把袖贴和袖里缝合。

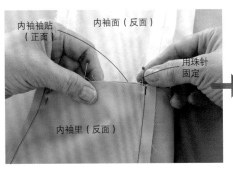

内袖袖贴（正面）

内袖面（反面）

用珠针固定

内袖里（反面）

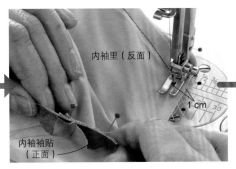

内袖里（反面）

内袖袖贴（正面）

1 cm

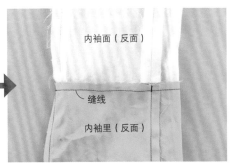

内袖面（反面）

缝线

内袖里（反面）

⑪ 袖里和袖贴用滴针法缝在袖面上

袖里、袖贴、袖面用珠针固定。

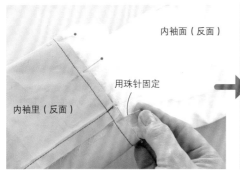

内袖面（反面）

用珠针固定

内袖里（反面）

把袖里和袖贴用滴针法缝在袖面上。

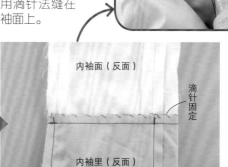

内袖面（反面）

内袖里（反面）

滴针固定

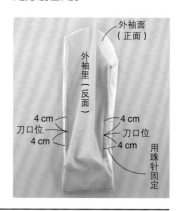

把袖面上的线挑起一根并滴针固定。

⑫ 把袖面和袖里分缝缝合

把外袖面的缝份和袖里的缝份用珠针固定。在肘部刀口位的位置之上 4 cm 和之下 4 cm 处分别固定。

外袖面（正面）

外袖里（反面）

4 cm — 刀口位 — 4 cm
刀口位 — 4 cm
4 cm
用珠针固定

把袖面的缝份和袖里的缝份在珠针之间的部分分缝缝合。

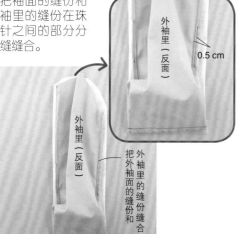

外袖里（反面）

外袖里（反面）

0.5 cm

把外袖面的缝份和外袖里的缝份缝合

⑬ 把袖里翻回正面整理

把手伸到袖里当中，将其翻回正面。

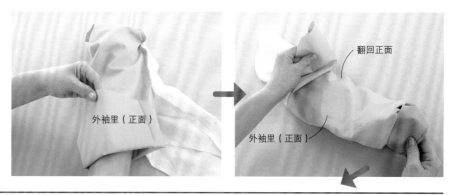

外袖里（正面）

翻回正面

外袖里（正面）

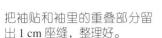

把袖贴和袖里的重叠部分留出 1 cm 座缝，整理好。

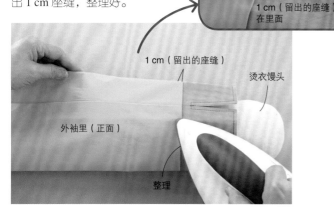

1 cm（留出的座缝）

1 cm（留出的座缝）在里面

外袖里（正面）

烫衣馒头

整理

袖里翻回到正面的状态

外袖面（正面）

内袖里（正面）

翻回正面就完成了！

完成！

翻回正面

外袖面（正面）

前贴边布（正面）

前衣片（正面）

有贴边线的
开衩领口

这是在女式衬衫或长款上衣上常见的设计。虽然设计很简单，但做不好的人也很多。这里要介绍不用贴边布和领贴夹住衣片，而是在衣片上缝上贴边布的方法。和外表看上去一样，缝纫步骤较少，也不会让面料叠得很厚，完成效果干净利落。

制图

面料的裁剪方法

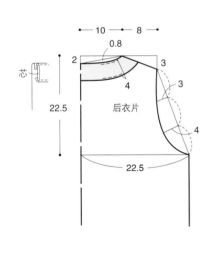

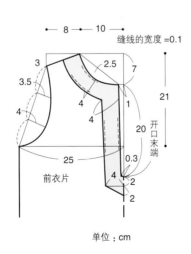

单位：cm

图中的数字是缝份的尺寸

| = 剪刀口位之处

● = 用记号笔做记号之处

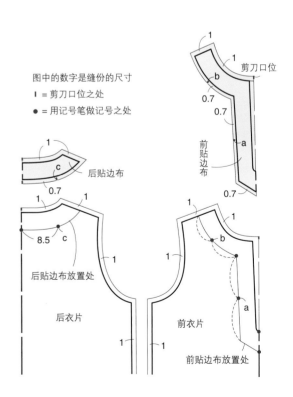

66

① **贴粘合衬，剪刀口位**

在贴边布上贴粘合衬。参照前页的剪裁图，剪刀口位（约 0.3 cm）作为标记。

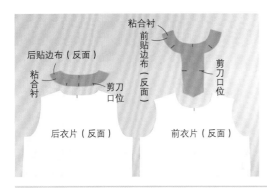

② **贴粘合衬，在贴边布的位置做标记**

在前衣片（正面）开衩的开口末端部分贴粘合衬。参照面料的剪裁法，在贴边布净边的位置用消影记号笔做标记（后衣片也如此）。

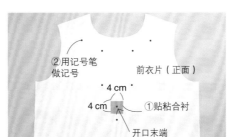

③ **在肩部的缝份上锁边**

分别在前衣片和后衣片的肩部缝份上锁边。

④ **缝合衣片的肩缝**

把前衣片和后衣片的正面朝里对齐，用珠针固定。前贴边布和后贴边布也同样用珠针固定。

分别把衣片和贴边布的肩缝缝合。

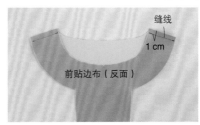

⑤ **烫开缝份**

分别把衣片和贴边布的肩缝用熨斗烫开。

⑥ **在开衩的开口处做标记**

在前贴边布开衩的开口部分用记号笔之类做标记。从图纸上把开衩部分描下来，不如直接用记号笔在面料上画出来更方便。

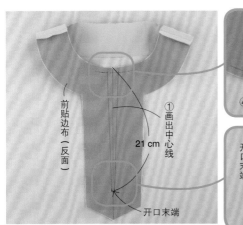

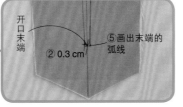

⑦ **在前贴边布的折角处剪刀口位，剪开缝份**

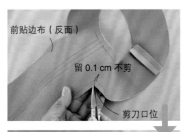

在前贴边布的折角处剪刀口位。

把肩缝末端的缝份斜向裁剪。

⑧ 把贴边布按照净边的形状折叠

在贴边布的曲线部分用粗针距的缝线缝纫。

轻轻抽出粗针距的缝线，一边做出曲线的形状一边折叠净边，用熨斗熨烫整理。

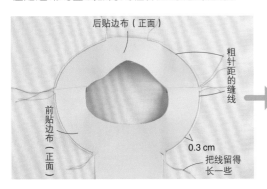

后贴边布（正面）

粗针距的缝线

前贴边布（正面）

0.3 cm
把线留得长一些

前贴边布（反面）

抽出线

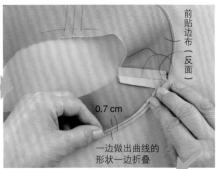

前贴边布（反面）

0.7 cm

一边做出曲线的形状一边折叠

把前贴边布的尖端部分也按照净边的形状折叠，用熨斗熨烫整理。

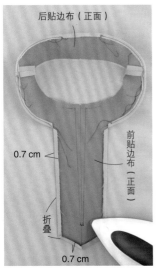

后贴边布（正面）

0.7 cm

前贴边布（正面）

折叠

0.7 cm

⑨ 缝合领围线

把衣片和贴边布对齐，用珠针按均等距离固定。

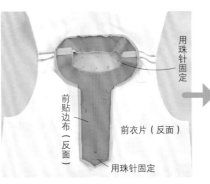

用珠针固定

前贴边布（反面）

前衣片（反面）

用珠针固定

缝合整圈领围线，在开衩的开口部分的内侧回针缝1~2针。

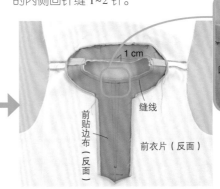

1 cm

缝线

前贴边布（反面）

前衣片（反面）

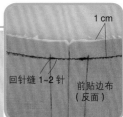

1 cm

回针缝1~2针

前贴边布（反面）

要点

领围线和开衩要分别缝

如果把领围线和开衩连在一起缝，开衩部分的高度就有可能产生左右不一致。先把领围线一周都缝好就能避免这个问题。

---

⑩ 缝制开衩

尖端的曲线部分小心地、慢慢地缝好。

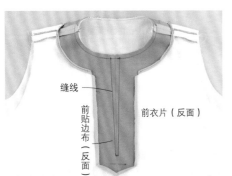

缝线

前贴边布（反面）

前衣片（反面）

⑪ 把领围线的缝份剪成细条

把领围线的缝份剪成0.3 cm宽。

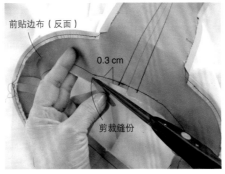

前贴边布（反面）

0.3 cm

剪裁缝份

缝份剪细后的状态

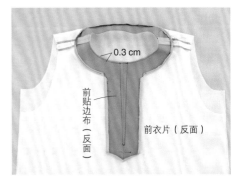

0.3 cm

前贴边布（反面）

前衣片（反面）

⑫ 在开叉处剪刀口位

在开叉的中心处剪刀口位。要尽量剪到边缘处为止。

在开叉的尖端部分的缝份上斜着剪3处刀口位。比起沿着布纹方向剪刀口位，斜着剪更不容易让布料开线。

剪好刀口位的状态

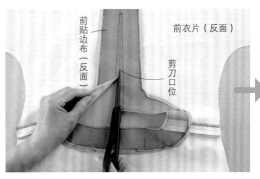

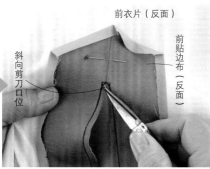

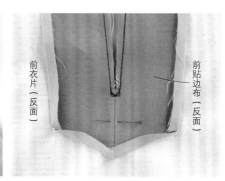

⑬ 烫开领围线和开叉部分的缝份

烫开领围线的缝份，缝份先烫开再翻回正面，完成效果会更美观。

把开叉部分的缝份烫开。

缝份烫开后的状态

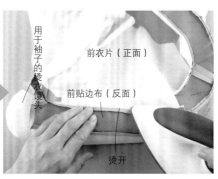

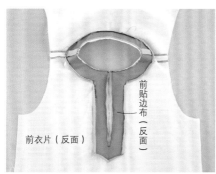

⑭ 把折角处的缝份剪去

把开叉折角处的缝份剪去。

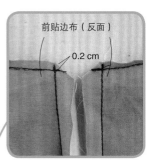

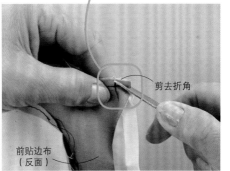

⑮ 把贴边布翻回正面并整理

一边按住开叉处折角的缝份，一边翻回正面。

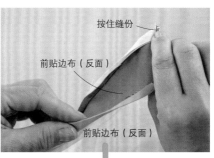

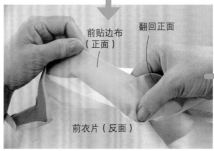

用珠针把角仔细地挑出来。

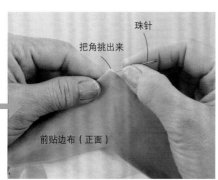

把衣片稍留出一点，用熨斗熨烫整理。

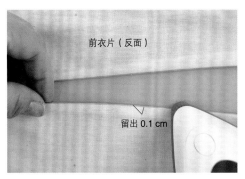

前衣片（反面）

留出 0.1 cm

翻回正面时的状态

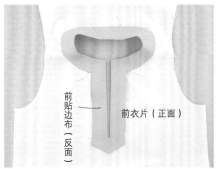

前贴边布（反面）

前衣片（正面）

⑯ 把粗针距的缝线抽掉

把第⑧步的粗针距的缝线抽掉。

把粗针距的缝线抽掉

前贴边布（正面）

前衣片（正面）

要点

用双面胶带取代缲边非常方便，完成效果美观。

在粘贴了双面胶带的地方用熨斗熨烫，暂时固定。

⑰ 用双面胶带把衣片和贴边布暂时固定

在贴边布的边缘，粘贴双面胶带。

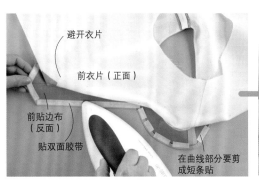

避开衣片

前衣片（正面）

前贴边布（反面）

贴双面胶带

在曲线部分要剪成短条贴

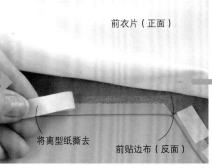

前衣片（正面）

将离型纸撕去

前贴边布（反面）

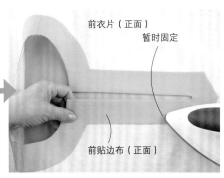

前衣片（正面）

暂时固定

前贴边布（正面）

⑱ 缝制造型线

机缝领围线。

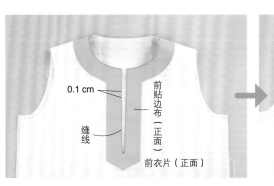

0.1 cm

前贴边布（正面）

缝线

前衣片（正面）

在贴边布的边缘机缝。

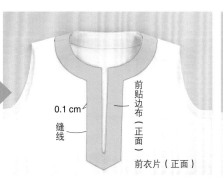

前贴边布（正面）

0.1 cm

缝线

前衣片（正面）

完成！

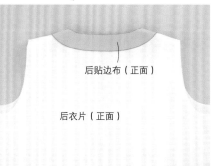

后贴边布（正面）

后衣片（正面）

帽肩袖

帽肩袖在夏天的连衣裙或女式衬衫上经常被使用，是一款让人感觉很凉爽的设计。缝纫的要点是装袖部分的缝份要用锁边机处理，袖窿的底部用斜裁布包边。

袖子（正面）

前衣片（正面）

制图

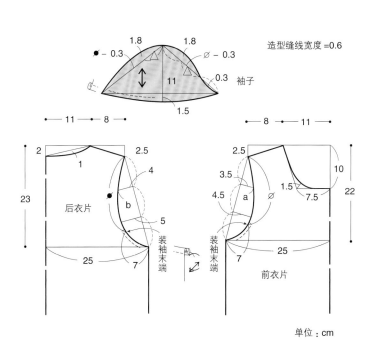

造型缝线宽度=0.6

单位：cm

面料的裁剪方法

装袖子的部分很短，但也要剪刀口位作标记，把刀口位严格对齐缝合是使完成效果美观的关键。

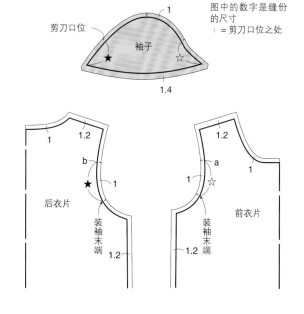

图中的数字是缝份的尺寸
= 剪刀口位之处

剪刀口位　袖子

① 剪裁斜裁布

斜裁布被用在袖窿部分。测量袖窿底部的斜裁长度，再加上 3 cm，准备这样的 2 条。在服装剪裁桌板上铺上面料，把定规尺成 45° 放置，用滚轮裁割器切割。

使用定规尺，从毛边起 2.3 cm 处平行剪裁。

测量长度并剪裁。

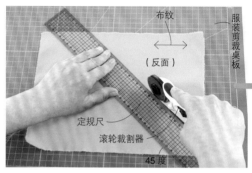

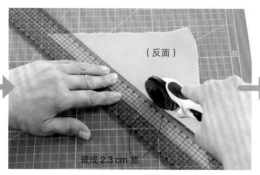

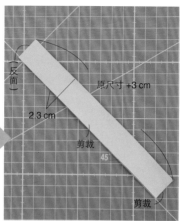

② 裁断并剪刀口位

参照第 71 页的面料的裁剪方法，裁断后剪刀口位（约 0.3 cm）做标记。在衣片的肩缝和侧缝线的缝份上锁边。

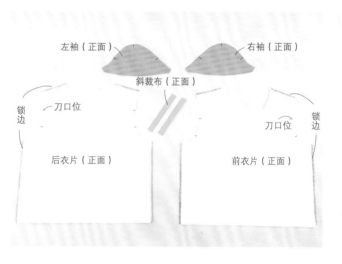

③ 缝制肩缝

把前衣片和后衣片的正面朝里对齐，缝制肩缝。

④ 烫开缝份

把肩缝的缝份用熨斗烫开。

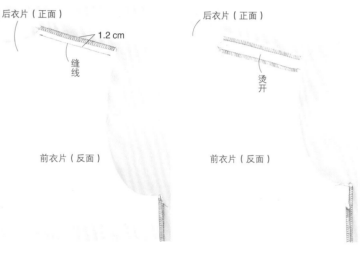

⑤ 袖口线三折缝

把袖口线的缝份折叠 0.7 cm。

在曲线部分用粗针距的缝线暂时固定。

轻轻抽拉粗针距的缝线，把袖口抽缩，形成自然的曲线。

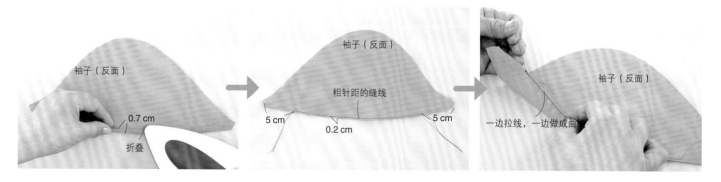

要点

把弯曲的地方折缝，会不会出现破纹或者歪曲的现象？在第一次折叠时抽缩，把外圈缩短，就可以避免再折叠时产生褶皱，外形自然。

袖口缩短后的状态

再折叠 0.7 cm。

三折缝后的状态

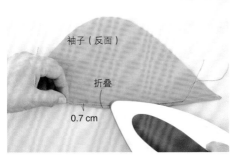

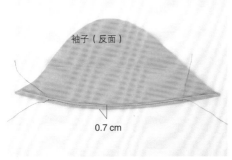

⑥ 缝制袖口

在袖口用缝纫机缝制。

把粗针距的缝线抽掉。

造型做好后的状态

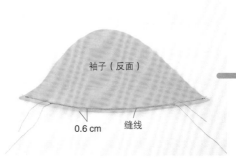

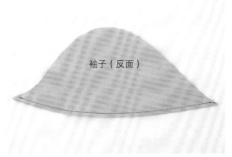

⑦ 缝合衣片和袖子

把衣片和袖子的正面朝正面对齐，用珠针固定。

把衣片和袖子缝合。

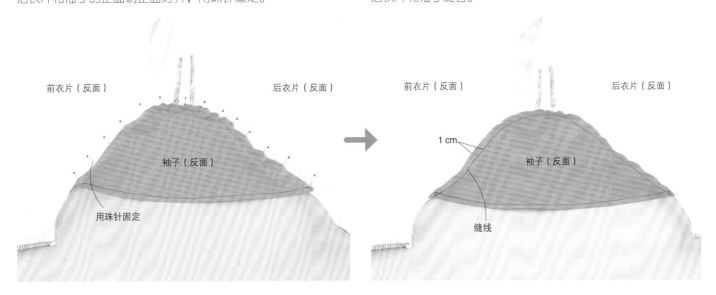

⑧ 缝合侧缝线

把前衣片和后衣片的正面朝里，缝合侧缝线。

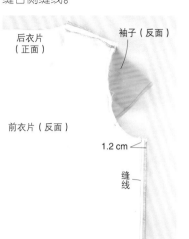

后衣片（正面）
袖子（反面）
前衣片（反面）
1.2 cm
缝线

⑨ 烫开缝份

把侧缝线的缝份用熨斗烫开。

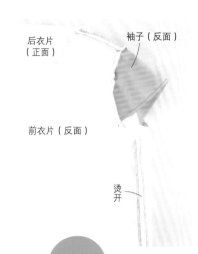

后衣片（正面）
袖子（反面）
前衣片（反面）
烫开

⑩ 把斜裁布拉长，做成曲线

每一侧折叠 0.5 cm。

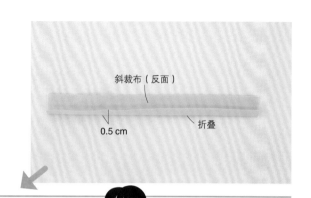

斜裁布（反面）
0.5 cm
折叠

要点

斜裁布要拉成曲线

事先把斜裁布拉长，缝合后斜裁布就不容易扭曲，完成效果比较美观。斜裁布弯曲的弧度尽量贴近袖窿线的曲线。

把斜裁布的折印一侧稍稍拉长，沿着袖窿线一边弯曲，一边用熨斗熨烫。

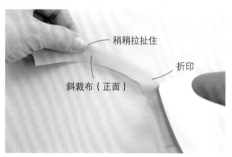

稍稍拉扯住
斜裁布（正面）
折印

曲线做好后的状态

斜裁布（反面）

把斜裁布的一端折叠 0.5 cm。

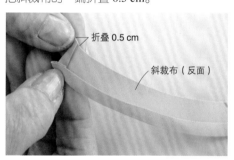

折叠 0.5 cm
斜裁布（反面）

⑪ 把斜裁布缝到袖窿线上

把衣片和斜裁布正面朝里对齐，用珠针固定。

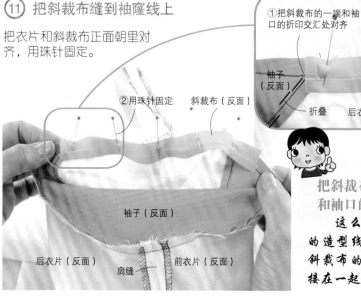

②用珠针固定
斜裁布（反面）
袖子（反面）
后衣片（反面）
前衣片（反面）
肩缝

①把斜裁布的一端和袖口的折印交汇处对齐
袖子（反面）
折叠
后衣片（正面）

要点

把斜裁布的一端和袖口的折印对齐

这么做可以让袖口的造型线和第⑬步做的斜裁布的造型美观地连接在一起。

把另一端折叠，剪掉斜裁布多余的部分。

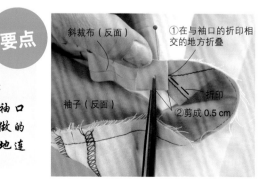

斜裁布（反面）
①在与袖口的折印相交的地方折叠
折印
袖子（反面）
②剪成 0.5 cm

衣片和袖子的缝份用锁边机锁边。锁边机从装袖末端之前一点的位置开始锁边。此时，为了在之后能用斜裁布把缝份包起来，把斜裁布和袖子的交接部分的缝份剪成细条（0.5 cm 左右），同时用锁边机锁边。

把衣片和斜裁布缝合。

把袖窿线的缝份剪成细条

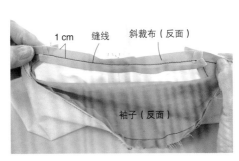

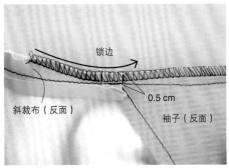

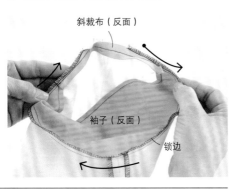

13 用斜裁布处理袖窿线

把斜裁布向衣片反面的方向翻折。

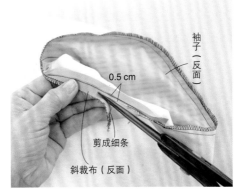

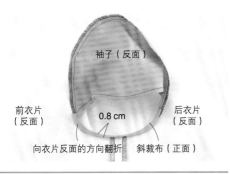

袖口和袖窿的造型完美地连接在了一起！

缝制袖窿线。

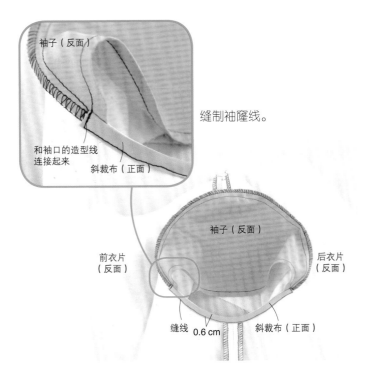

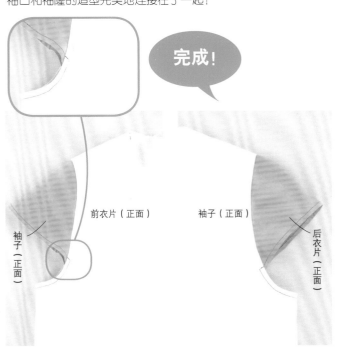

完成！

PART15
飘带领

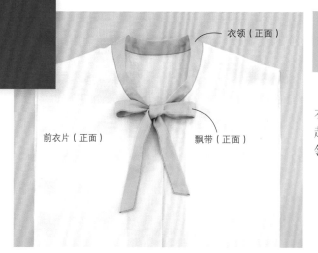

衣领（正面）

前衣片（正面）

飘带（正面）

飘带领

飘带领就是打成蝴蝶结的衣领，一般是把和衣领连在一起的飘带打成蝴蝶结。和衬衫领相比，飘带领更容易缝制。

面料的裁剪方法

在衣领和飘带的周围、衣片的领口内滚条、肩缝各留 1 cm 的缝份进行剪裁。在衣片的领贴部分贴粘合衬，在衣领的后中心、颈侧点、前端的位置、衣片的后中心、衣领底线对位点、前端的位置剪刀口位（长 0.3 cm 的刀口）做标记。在缝合飘带领时缝线较长，如果觉得可能会产生歪斜或褶皱，可以在飘带的中心也剪刀口位。

制图

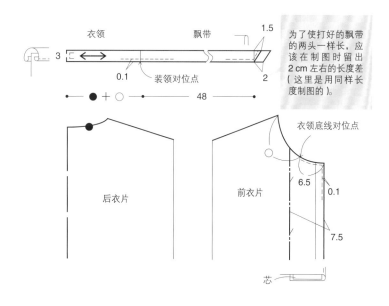

衣领　　　　　飘带

1.5

3

0.1

装领对位点

2

衣领底线对位点

6.5

0.1

7.5

后衣片

前衣片

芯

● — ○　+　○ — ● — 48 —

为了使打好的飘带的两头一样长，应该在制图时留出 2 cm 左右的长度差（这里是用同样长度制图的）。

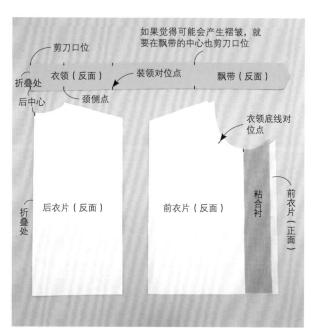

剪刀口位

如果觉得可能会产生褶皱，就要在飘带的中心也剪刀口位

折叠处

衣领（反面）

装领对位点

飘带（反面）

后中心

颈侧点

衣领底线对位点

折叠处

后衣片（反面）

前衣片（反面）

粘合衬

前衣片（正面）

① 折叠领围线

在领贴的边缘锁边，用熨斗折叠熨烫领围线。

锁边

用熨斗折叠熨烫

领贴（正面）

前衣片（反面）

② 缝合前衣片的领口内滚条

把前衣片和领贴正面朝里对齐，从前端开始到衣领底线对位点用缝纫机缝合。

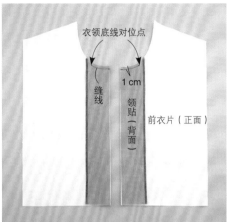

衣领底线对位点

1 cm

缝线

领贴（背面）

前衣片（正面）

③ 在衣领底线对位点剪刀口位

在领口内滚条的缝份上向着衣领底线对位点的方向，斜着剪刀口位。

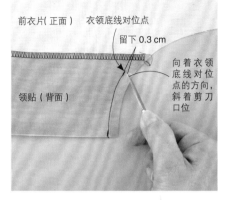

前衣片（正面）　衣领底线对位点

留下 0.3 cm

领贴（背面）

向着衣领底线对位点的方向，斜着剪刀口位

④ 剪裁领口内滚条的缝份

把领口内滚条的缝份剪细，剪到③的刀口位的位置为止。

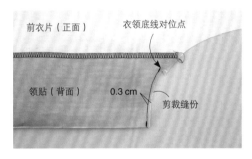

前衣片（正面）　衣领底线对位点

领贴（背面）　0.3 cm

剪裁缝份

⑤ 烫开领口内滚条的缝份

用熨斗的尖端，临时烫开领口内滚条的缝份。注意不要在领口内滚条以外的部分烫出折痕。

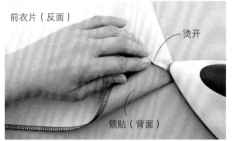

前衣片（反面）

烫开

领贴（背面）

要点

剪刀口位要斜着剪

在缝份上剪刀口位时，如果沿着布纹剪，那个部分就有可能被撕开，但斜着剪就能避免。特别是衣领底线对位点容易受力，所以要选好角度再剪刀口位。作为标记的刀口位也要稍微斜着剪。

⑥ 把领贴翻回正面

把领贴翻回正面。使用珠针把折角部位稍稍挑出来。

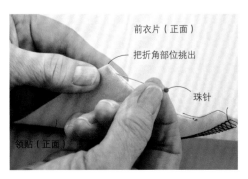

前衣片（正面）

把折角部位挑出

珠针

领贴（正面）

⑦ 在前衣片上做造型

在前衣片的领口内滚条和领围线上，正面朝上做造型。（做女式衬衫时要先做好前端的下摆，再在前端做造型）

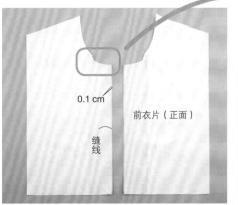

0.1 cm

前衣片（正面）

缝线

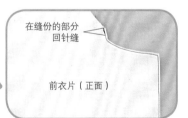

在缝份的部分回针缝

前衣片（正面）

要点

回针缝时要一直放到缝份的末端

把回针缝的造型一直延伸到缝份的末端，在安装衣领时回针的针脚就会隐藏在衣领当中，净边变得美观。

⑧ 缝制肩缝

把前衣片和后衣片正面朝里对齐，缝制肩缝。缝份锁边后，用熨斗往后侧翻折熨烫。

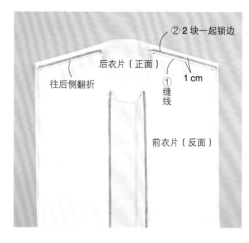

②2块一起锁边
后衣片（正面）
1 cm
往后侧翻折
①缝线
前衣片（反面）

⑨ 折叠衣领底线

把衣领底线的缝合处向净边方向折烫，使装领对位点稍微露出。

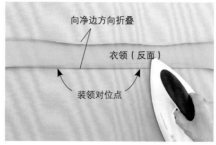

向净边方向折叠
衣领（反面）
装领对位点

⑩ 缝合飘带

把飘带正面朝里对折缝合。从飘带的尖端开始，到装领对位点之前 1.5 cm 处为止，把左右两端缝合。

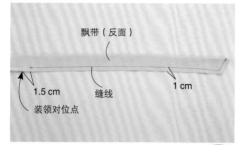

飘带（反面）
1.5 cm
缝线
1 cm
装领对位点

要点

缝到装领对位点之前为止

在缝合飘带时，只缝到装领对位点之前 1.5 cm 处为止，如果一直缝到装领对位点，在把衣领装到衣片上时，装领对位点处就会很难缝针。

⑪ 剪去飘带的缝份

在针脚的位置把缝份折叠。把飘带翻回正面时，为了让缝份不要重叠，把多余的缝份剪去。

剪去
飘带（反面）

飘带（反面）

⑫ 把飘带翻回正面

用直尺，从之前留出来没有缝的部分开始把飘带翻回正面。

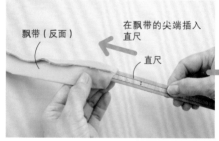

飘带（反面）
在飘带的尖端插入直尺
直尺

飘带（正面）
衣领（正面）
飘带（反面）

用针挑飘带的尖端。此时注意不要把面料的线挑断。

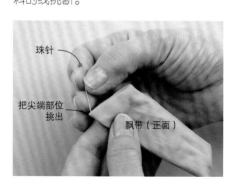

珠针
把尖端部位挑出
飘带（正面）

⑬ 把衣领用珠针固定在衣片上

把衣片的反面和衣领重叠，用珠针固定。

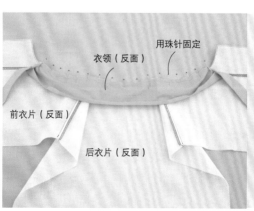

衣领（反面）
用珠针固定
前衣片（反面）
后衣片（反面）

要点

衣领底线要先缝内领一侧

飘带领的领口内滚条在最后才用造型线固定，所以先缝合内领一侧是关键。缝合领口内滚条，把缝份放到衣领之中时，在已经缝好的针脚上将衣领重叠，那么在正面做造型时就不易缝歪。

⑭ 缝制领口内滚条

领口内滚条从衣领底线的一端开始缝到另一端。

因为飘带没有缝到装领对位点位置，所以现在可以顺利地缝到衣领底线对位点。

⑮ 把领口内滚条的缝份翻折

用熨斗把领口内滚条的缝份向衣领一侧翻折熨烫。

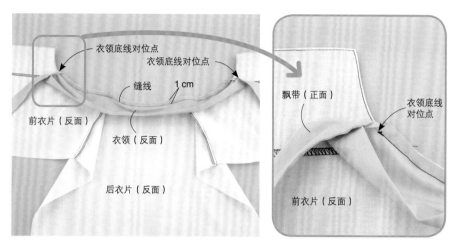

衣领底线对位点
衣领底线对位点
缝线
1 cm
前衣片（反面）
衣领（反面）
后衣片（反面）

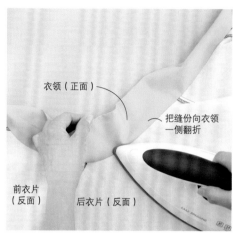

飘带（正面）
衣领底线对位点
前衣片（反面）

衣领（正面）
把缝份向衣领一侧翻折
前衣片（反面）
后衣片（反面）

⑯ 在领口内滚条的缝份上贴上双面胶带

在衣片的领口内滚条的缝份上，均等地粘上剪成 3 cm 左右的双面胶带。

把双面胶带的离型纸撕去。

要点

使用的双面胶带

容易缝歪的部分，在用造型线缝合前，推荐用双面胶带来暂时固定。缝份被牢牢固定住，有助于防止缝歪。

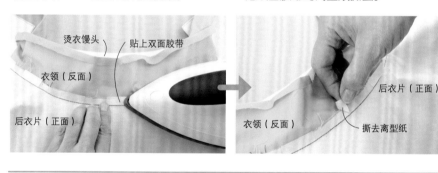

烫衣馒头
贴上双面胶带
衣领（反面）
后衣片（正面）

衣领（反面）
后衣片（正面）
撕去离型纸

⑰ 在衣片上暂时固定衣领

用熨斗的尖端压住贴了双面胶带的位置，进行暂时固定。

⑱ 在衣领和飘带上做造型

在衣领和飘带的边缘机缝。

完成!

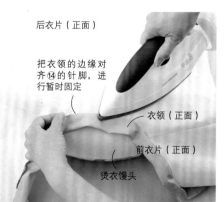

后衣片（正面）
把衣领的边缘对齐⑭的针脚，进行暂时固定
衣领（正面）
前衣片（正面）
烫衣馒头

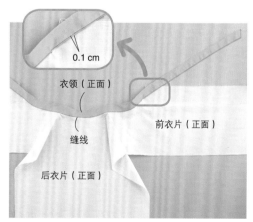

0.1 cm
衣领（正面）
衣领（正面）
前衣片（正面）
缝线
后衣片（正面）

衣领（正面）
前衣片（正面）
飘带（正面）

PART16
来去缝法
缝制侧缝袋

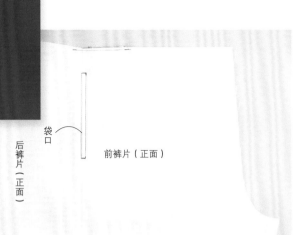

袋口

前裤片（正面）

后裤片（正面）

侧缝袋

　　侧缝袋在单层的裤子上经常被使用，这里介绍袋布周围使用来去缝法的做法。

　　如果袋布的上侧部分夹在腰带里，袋布的周边就可以用来去缝法制作。这种做法使缝份不会露出，外表美观，质地结实，值得推荐。

制图

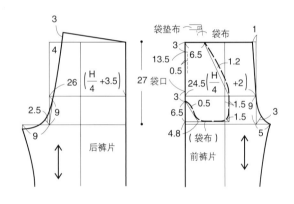

面料的裁剪方法

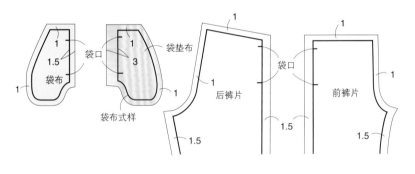

① 剪裁面料

参考上面记载的面料裁剪方法，剪裁面料。在所有材料的袋口位置剪刀口位（长 0.3 cm 左右的刀口）作为标记。

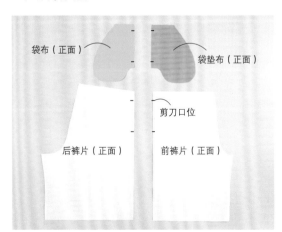

② 在前裤片的袋口贴牵条

把 1.5 cm 宽、15.5 cm 长（袋口长 +2 cm）的牵条贴在前裤片的袋口位置。

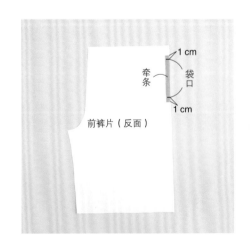

③ 在侧缝线上锁边

在所有材料的侧缝线上锁边。

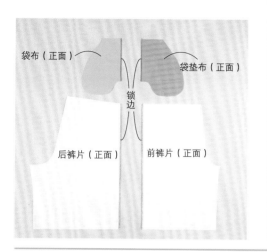

- 袋布（正面）
- 袋垫布（正面）
- 锁边
- 后裤片（正面）
- 前裤片（正面）

④ 在前裤片上装上袋布

前裤片和袋布重叠，用缝纫机缝合，下侧留 1.5 cm 不缝。

- （缝份一半的宽度）
- 0.75 cm
- 缝线
- 袋布（反面）
- 留 1.5 cm 不缝
- 前裤片（正面）
- 用熨斗翻折熨烫
- 袋布（正面）
- 0.75 cm
- 前裤片（正面）

要点

袋布的下侧留着不缝

安装袋布时，下侧留着不缝，因为周边使用了来去缝法，所以如果一直缝到下面，袋布和袋垫布会很难翻回反面。

⑤ 缝制侧缝线

把前裤片和后裤片正面朝里对齐，用珠针固定侧缝线。

缝合侧缝线。在袋口不到一点的地方先回针缝，然后在袋口部分改用粗针距的缝线缝制。途中不要剪断缝纫线，而是一次性从腰部缝到下摆处。

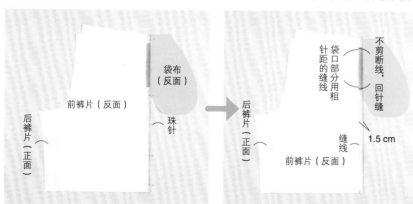

- 前裤片（反面）
- 袋布（反面）
- 后裤片（正面）
- 珠针
- 后裤片（正面）
- 袋口部分用粗针距的缝线
- 不剪断线，回针缝
- 缝线
- 1.5 cm
- 前裤片（反面）

要点

不要漏缝袋口

在缝合侧缝线时，不要漏缝袋口，而是按原样继续缝下去，这是完成效果美观的秘诀。这样做的话，在烫开侧缝线的缝份时，袋口和侧缝线就能顺畅连接，形成恰到好处的折痕。

袋口的缝线在最后要解开，所以改用粗针距的缝线来缝制。

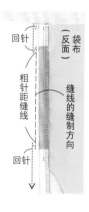

- 回针
- 袋布（反面）
- 粗针距缝线
- 缝线的缝制方向
- 回针

⑥ 剪去粗针距的缝线

仅把袋口的粗针距的缝线最上和最下方的缝线剪断。这样在最后解开缝线时，操作会变得简便。

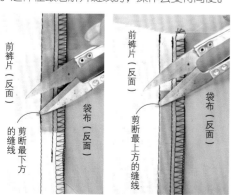

- 前裤片（反面）
- 袋布（反面）
- 剪断最下方的缝线
- 前裤片（反面）
- 袋布（反面）
- 剪断最上方的缝线

⑦ 烫开侧缝线的缝份

用熨斗烫开侧缝线的缝份。

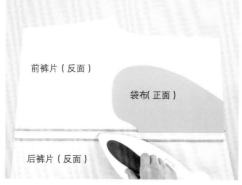

- 前裤片（反面）
- 袋布（正面）
- 后裤片（反面）

⑧ 在袋口做造型

为了固定侧缝线的缝份，在前裤片的袋口机缝。

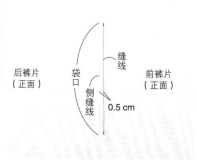

- 后裤片（正面）
- 袋口
- 侧缝线
- 缝线
- 前裤片（正面）
- 0.5 cm

⑨ 用珠针固定袋布和
袋垫布

把袋布的反面朝上。

把袋布和袋垫布的反面对反面重叠放置。

把袋布侧缝线的缝份向内侧折叠，用珠针固定。

把袋布侧缝线的缝份向内侧折叠

把袋布侧缝线的缝份（在第④步用熨斗折叠熨烫的位置）折叠并固定。如果不折叠缝份，而是按原样缝制周边，把袋布和袋垫布翻回反面时，这个部分的缝份就会扭曲，所以这是很关键的一步。

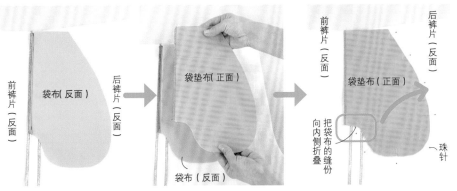

前裤片（反面）
袋布（反面）
后裤片（反面）
袋垫布（正面）
把袋布（反面）
向内侧折叠的缝份
袋布（反面）

前裤片（反面）
后裤片（反面）
袋垫布（正面）
向内侧折叠的缝份
珠针

袋垫布（正面）
向内侧折叠
袋布（反面）

⑩ 把袋布和袋垫布缝合

把袋布和袋垫布的四边用缝纫机缝合。

把袋布的侧缝线的缝份一直缝到折叠的地方为止。

⑪ 把缝份剪细

把袋布和袋垫布周边的缝份剪细。

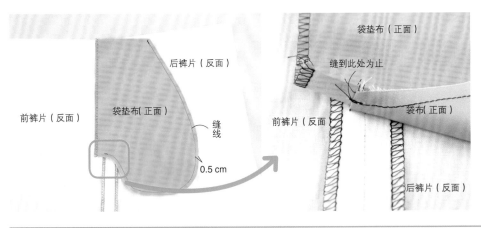

后裤片（反面）
前裤片（反面）
袋垫布（正面）
缝线
0.5 cm

袋垫布（正面）
缝到此处为止
前裤片（反面）
袋布（正面）
后裤片（反面）

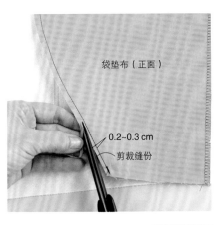

袋垫布（正面）
0.2~0.3 cm
剪裁缝份

⑫ 在缝份曲线的部分剪刀口位

在袋布和袋垫布周边缝份的曲线部分剪刀口位。

⑬ 翻回反面并整理

把袋布和袋垫布翻回反面并整理。

把手伸进袋布和袋垫布的中间，整理形状。

用熨斗压烫袋布和袋垫布的四周。

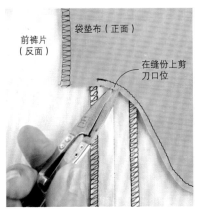

前裤片（反面）
袋垫布（正面）
在缝份上剪刀口位

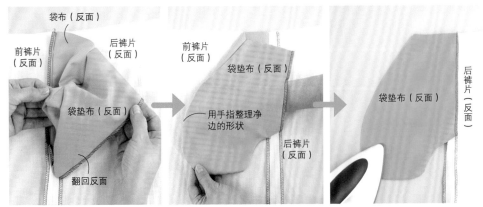

袋布（反面）
前裤片（反面）
后裤片（反面）
袋垫布（反面）
翻回反面

前裤片（反面）
袋垫布（反面）
用手指整理净边的形状
后裤片（反面）

袋垫布（反面）
后裤片（反面）

⑭ 把袋布和袋垫布的周边缝合

把袋垫布下侧没有缝的缝份，用珠针固定在前裤片侧缝的缝份上。

缝合袋布和袋垫布的周边。从侧缝线的位置开始缝，把袋布和袋垫布缝合在前裤片侧缝线的缝份上。

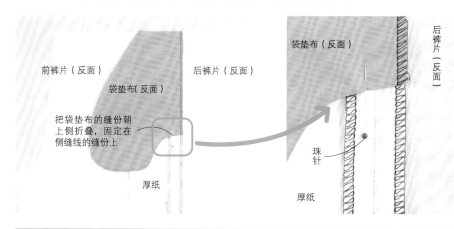

前裤片（反面）
后裤片（反面）
袋垫布（反面）
把袋垫布的缝份朝上侧折叠，固定在侧缝线的缝份上
厚纸

袋垫布（反面）
后裤片（反面）
珠针
厚纸

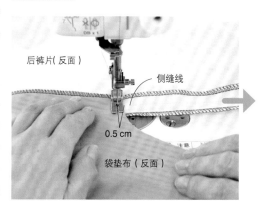

后裤片（反面）
侧缝线
0.5 cm
袋垫布（反面）

---

⑮ 做造型

在袋口的上下和侧缝做造型。
为了加强上侧和下侧，用倒回针固定。

从反面看的效果。

⑯ 把袋垫布的缝份固定在侧缝线的缝份上

把袋垫布的缝份固定在后裤片侧缝线的缝份上。从腰部开始到侧缝线的位置为止缝 L 字形。

周边缝完后。

前裤片（反面）
袋垫布（反面）
后裤片（反面）
缝线
0.5 cm
缝合在缝份上

倒回针
缝线的缝制方向
缝线
和⑧的缝线连接
0.1 cm
侧缝线
倒回针
后裤片（正面）

前裤片（反面）
缝线
袋垫布（反面）

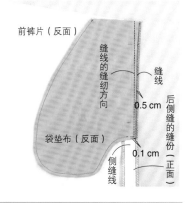

前裤片（反面）
缝线的缝纫方向
缝线
0.5 cm
袋垫布（反面）
后侧缝的缝份（正面）
侧缝线
0.1 cm

---

⑰ 解开袋口的缝线

把第⑤步缝的袋口粗针距的缝线解开。

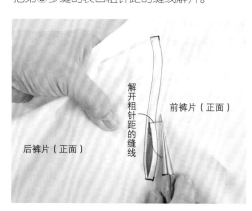

解开粗针距的缝线
前裤片（正面）
后裤片（正面）

⑱ 把袋布和袋垫布暂时固定

把袋布和袋垫布暂时固定在腰部的缝份上。

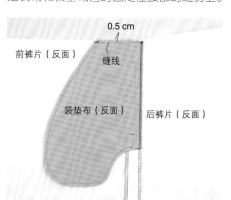

0.5 cm
前裤片（反面）
缝线
袋垫布（反面）
后裤片（反面）

完成!

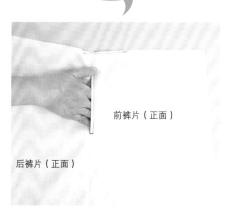

前裤片（正面）
后裤片（正面）

左后裙片（正面）　　　右后裙片（正面）

有衬裙的裙子

这里介绍不采用滴针缝法，而使用带衬裙的裙子拉链的安装法，就是先在衬裙上缝上拉链，之后再与外裙缝合的方法。为了使解说容易理解，这里只使用后裙片；实际上制作的时候，要在把前裙片缝合到侧缝线上后，再安装拉链。这里介绍基本安装方法和简便版的两种做法。

使用的拉链

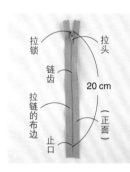

拉锁　拉头
链齿
20 cm
拉链的布边
止口
（正面）

使用长 20 cm 的拉链。与此对应，把外裙开口末端的位置设置为 20.8 cm。如果想把开口末端的长度弄短一些，就要使拉链止口的位置比外裙的开口末端短 0.8 cm。

拉链专用压脚

在外裙安装拉链时使用。

里布的剪裁方法

后中心线从腰部的净缝开始 20.8 cm 以下的位置不要留缝份，在此之下的部分留 1.5 cm 的缝份。

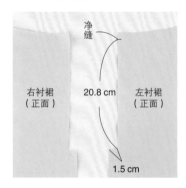

净缝
右衬裙（正面）　20.8 cm　左衬裙（正面）
1.5 cm

面布的剪裁方法

在后中心线留 1.5 cm 的缝份进行剪裁。在开口末端的位置剪刀口位（0.3 cm 左右的刀口）作标记。

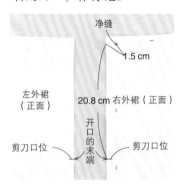

净缝
1.5 cm
左外裙（正面）　20.8 cm　右外裙（正面）
开口的末端
剪刀口位　剪刀口位

① 缝制衬裙的后中心线

把后衬裙正面朝里对齐，缝制后中心线。沿净缝线，从 2 cm 左右的位置开始，为了留座缝 ※ 而在净缝边上 0.2 cm 处缝制。缝完以后把两块缝份一起锁边。

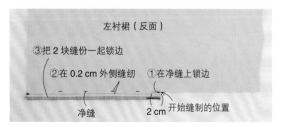

左衬裙（反面）
③把 2 块缝份一起锁边
②在 0.2 cm 外侧缝纫　①在净缝上锁边
净缝　2 cm 开始缝制的位置

把后中心线的缝份在净缝处用熨斗熨烫折叠，两块一起向一边翻折。

右衬裙（反面）
用熨斗熨烫折叠
净缝

※ 留座缝：考虑到面部的伸展性，让里布留一些余量。

② 用珠针把拉链固定在右衬裙上

把拉链的头部对准腰部的净缝之下 0.5 cm 处，把链齿的中心对准后中心线内侧起 1.5 cm 处，用珠针固定。

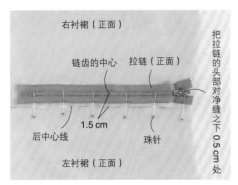

右衬裙（正面）

链齿的中心　拉链（正面）

1.5 cm

后中心线

珠针

左衬裙（正面）

把拉链的头部对净缝之下 0.5 cm 处

③ 在右衬裙上安装拉链

在右衬裙上用缝纫机安装拉链。从后中心线起 0.75 cm 处开始用缝纫机缝制，到拉链止口 1 cm 之前为止。

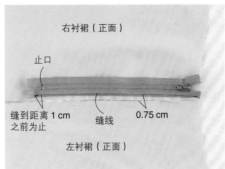

右衬裙（正面）

止口

缝到距离 1 cm 之前为止　缝线　0.75 cm

左衬裙（正面）

右衬裙（反面）

缝线

在转角处先结束缝制

把拉链装到衬裙上时，虽然也有一次性缝完的方法，但如果缝到转角处就以回针法结束缝制，方便以后完成剪刀口位的操作。

④ 在右衬裙上剪刀口位

把衬裙的反面朝上，从第①步缝制的后中心线的起点开始，向着第③步安装拉链的缝线的末端方向做标记。

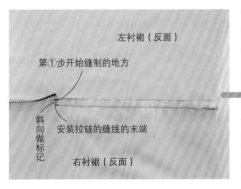

左衬裙（反面）

第①步开始缝制的地方

斜向做标记

安装拉链的缝线的末端

右衬裙（反面）

在做标记处剪刀口位。注意不要剪断缝线，剪到距离缝线还有一根面料线宽度的地方为止。

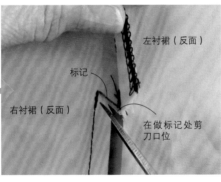

左衬裙（反面）

标记

右衬裙（反面）

在做标记处剪刀口位

⑤ 变换拉链的方向，缝制止口的下方

把衬裙的正面朝上。

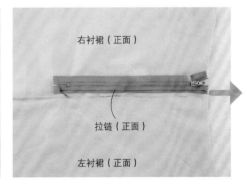

右衬裙（正面）

拉链（正面）

左衬裙（正面）

拿着拉链，180 度旋转。

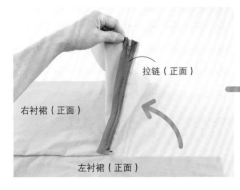

拉链（正面）

右衬裙（正面）

左衬裙（正面）

把后中心线和拉链齿的中心对齐放置，在拉链止口之下 1 cm 做 1.5 cm 的标记。

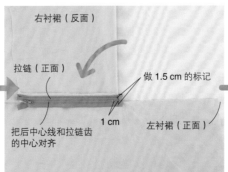

右衬裙（反面）

拉链（正面）

做 1.5 cm 的标记

1 cm

左衬裙（正面）

把后中心线和拉链齿的中心对齐

用珠针把拉链固定，在做标记的位置用缝纫机缝制。

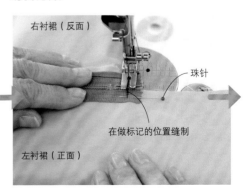

右衬裙（反面）

珠针

在做标记的位置缝制

左衬裙（正面）

⑥ 在左衬裙上剪刀口位

从第①步缝线的起点起，向第⑤步缝线的末端方向剪刀口位。剪到距离缝线还有一根面料线宽度的地方为止。

⑦ 用珠针将拉链固定在左衬裙上

用珠针将拉链固定在左衬裙上。将拉链叠在左衬裙的正面，将拉链齿的中心对齐离后中心线 1.5 cm 处，用珠针固定。

缝完后。

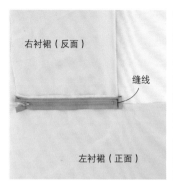

右衬裙（反面）

缝线

左衬裙（正面）

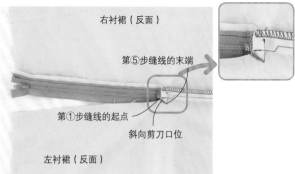

右衬裙（反面）

第⑤步缝线的末端

第①步缝线的起点

斜向剪刀口位

左衬裙（反面）

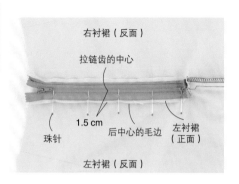

右衬裙（反面）

拉链齿的中心

1.5 cm

珠针　　后中心的毛边　　左衬裙（正面）

左衬裙（反面）

⑧ 将拉链装在左衬裙上

用缝纫机将拉链装在左衬裙上。在距离后中心线起 0.75 cm 处缝纫。

一直缝到上方后，把拉链头拉过缝线的压脚后再继续缝。

拉链装到里衬裙上之后。

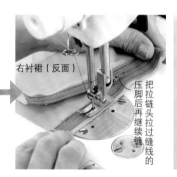

右衬裙（反面）

缝线

0.75 cm

左衬裙（正面）

把拉链头拉过缝线的压脚后再继续缝

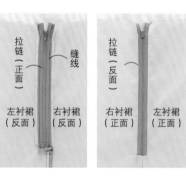

拉链（正面）　缝线

左衬裙（反面）　右衬裙（反面）

拉链（正面）

右衬裙（正面）　左衬裙（正面）

要点

轻松地挑战！

到这里为止解说了在衬裙上装拉链的步骤，看上去也许有点难，不要害怕失败，尝试挑战更重要哦。

⑨ 缝制外裙的后中心线

从腰部起到开口末端 1 cm 以下的位置，粘贴与缝份相同宽度（1.5 cm）的粘合衬，用锁边机锁边。

把外裙正面朝里对齐，缝合后中心线。到开口末端为止用粗针距的缝线缝制，到了开口末端的位置，就换回普通针距，先回针缝。途中不要剪断缝线，而是连续缝制。

为了使粗针距的缝线容易解开，先把开口末端之前和中心附近的缝线剪断。

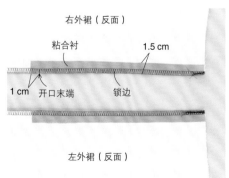

右外裙（反面）

粘合衬　　　1.5 cm

1 cm　开口末端　锁边

左外裙（反面）

右外裙（反面）

普通针距的缝线　粗针距的缝线

1.5 cm　回针缝 3~4 针　开口末端

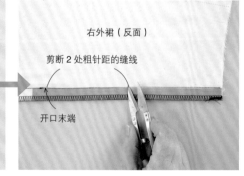

右外裙（反面）

剪断 2 处粗针距的缝线

开口末端

⑩ 烫开后中心线的缝份

把外裙的后中心线的缝份用熨斗烫开。

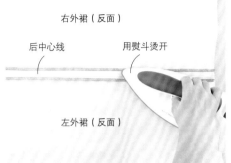

右外裙（反面）

后中心线　　用熨斗烫开

左外裙（反面）

⑪ 把左外裙的缝份缩小

把左外裙的缝份从后中心线起折 0.2 cm 的边，用熨斗熨烫到开口末端为止的部分。

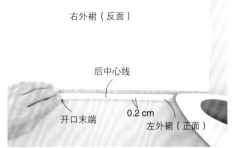

右外裙（反面）

后中心线

开口末端　0.2 cm

左外裙（正面）

左外裙的缝份缩小后的状态

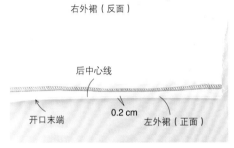

右外裙（反面）

后中心线

开口末端　0.2 cm　左外裙（正面）

---

⑫ 把左外裙用珠针固定到左衬裙上

把左衬裙和左外裙腰部的位置对齐，把第⑪步折出的 0.2 cm 缝份的边缘对齐拉链齿的边缘，用珠针固定。

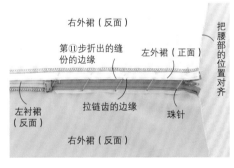

右外裙（反面）

第⑪步折出的缝份的边缘　　左外裙（正面）　　把腰部的位置对齐

拉链齿的边缘　　珠针

左衬裙（反面）

右外裙（反面）

⑬ 在左外裙上安装拉链

用缝纫机把拉链装到左外裙上。从缝份的边缘起 0.1 cm 的位置缝到拉链止口 0.3 cm 之下为止。

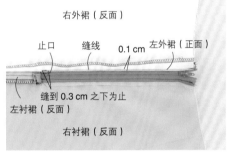

右外裙（反面）

止口　缝线　0.1 cm　左外裙（正面）

缝到 0.3 cm 之下为止

左衬裙（反面）　　右衬裙（反面）

⑭ 在右外裙的缝制拉链的位置做标记

把衬裙的正面朝上，在第⑬步缝制的缝线末端钉上珠针。

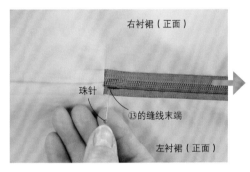

右衬裙（正面）

珠针

⑬的缝线末端

左衬裙（正面）

以珠针的位置为准，在右外裙上安装拉链的位置做标记。

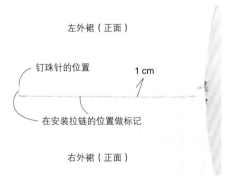

左外裙（正面）

钉珠针的位置　　1 cm

在安装拉链的位置做标记

右外裙（正面）

⑮ 在右外裙上安装拉链

把缝纫用的压脚换成拉链专用压脚。在第⑭步做标记的位置缝纫，在右外裙上装上拉链。

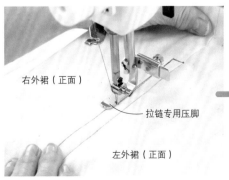

右外裙（正面）

拉链专用压脚

左外裙（正面）

缝到接近拉链的地方时，把第⑨步粗针距的缝线一直解开到压脚的位置之下 3~4 cm 为止。

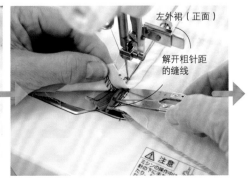

左外裙（正面）

解开粗针距的缝线

把拉链拉过压脚，一直缝到上面。

⑯ 解开粗针距的缝线

把第⑨步的粗针距的缝线全部解开。

完成！

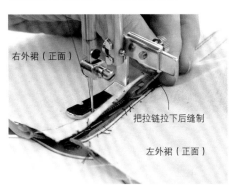

右外裙（正面）

把拉链拉下后缝制

左外裙（正面）

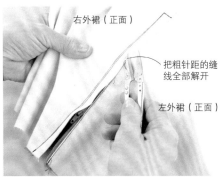

右外裙（正面）

把粗针距的缝线全部解开

左外裙（正面）

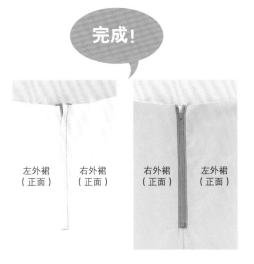

左外裙（正面） 右外裙（正面）

右外裙（正面） 左外裙（正面）

太田老师的推荐！简单的拉链安装方法

这里解说能简单完成的安装方法。衬裙的开口部分用造型线来固定，故此推荐。

---

① 在衬裙的开口部分做标记

和基本缝法一样缝制衬裙的后中心线，在开口处做标记。

② 折叠衬裙的开口部分

在第①步做标记的位置剪刀口位，用熨斗折烫开口部分。

从正面看的状态

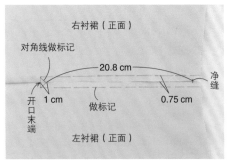

右衬裙（正面）

对角线做标记

20.8 cm

净缝

1 cm 做标记 0.75 cm

开口末端

左衬裙（正面）

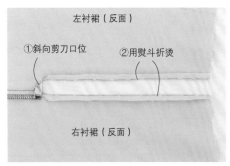

左衬裙（反面）

①斜向剪刀口位 ②用熨斗折烫

右衬裙（反面）

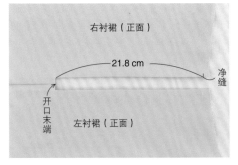

右衬裙（正面）

21.8 cm

净缝

开口末端

左衬裙（正面）

---

③ 用珠针固定拉链

把拉链头部和腰部净缝往下 0.5 cm 处对齐，把后中心线和拉链的中心对齐，用珠针固定。

④ 缝制衬裙的开口末端

掀起衬裙，缝合开口末端旁边 1.5 cm 处。

⑤ 缝合衬裙开口的周边

围绕衬裙开口的周边缝合。之后和基本的缝法一样，把外裙装上就完成了。

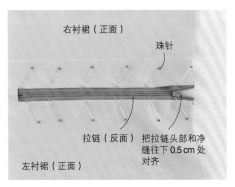

右衬裙（正面）

珠针

拉链（反面） 把拉链头部和净缝往下 0.5 cm 处对齐

左衬裙（正面）

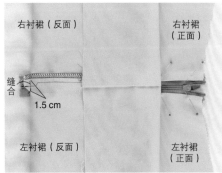

右衬裙（反面） 右衬裙（正面）

缝合

1.5 cm

左衬裙（反面） 左衬裙（正面）

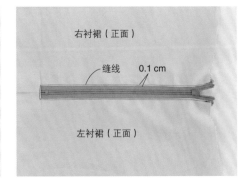

右衬裙（正面）

缝线 0.1 cm

左衬裙（正面）

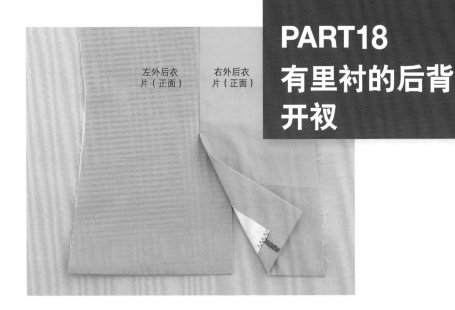

左外后衣片（正面）　右外后衣片（正面）

有里衬的后背开衩

后背开衩是指在夹克衫或大衣的后中心下摆开的衩。作为设计款式，也为了增加下摆周边的活动幅度。为了使解说容易理解，左右外衣片使用了不同颜色的面料。

制图

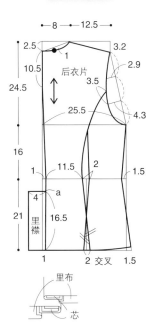

里布
芯

面料的裁剪方法

图中的数字是缝份的尺寸
- ＝剪刀口位之处

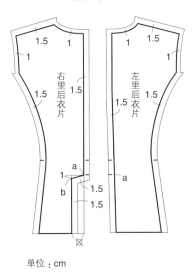

右里后衣片　左里后衣片

单位：cm

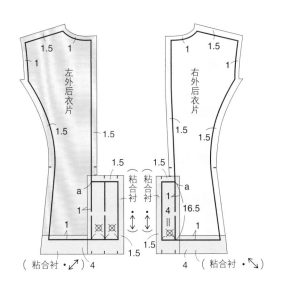

左外后衣片　右外后衣片

粘合衬
（粘合衬·↗）4　　4（粘合衬·↖）

① 贴粘合衬，剪刀口位

在开衩部分贴粘合衬。把贴在下摆的粘合衬裁成斜裁布。斜裁面料在折回来时更平顺，完成效果美观。参照面料的裁剪方法，剪刀口位（0.3 cm左右的切口）做标记。

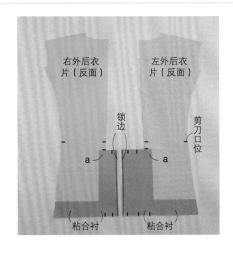

右外后衣片（反面）　左外后衣片（反面）
锁边
剪刀口位
粘合衬　粘合衬

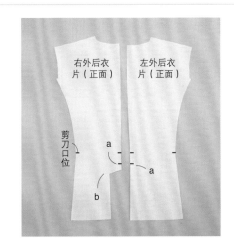

右外后衣片（正面）　左外后衣片（正面）
剪刀口位

② 缝制外衣片的后中心线，在缝合处的末端剪刀口位。

在外左衣片 a 的角部缝份上用记号笔做记号。

把刀口位剪到距离标记 0.2 cm 为止，这样做，在剪刀口位的部分贴粘合衬时，就不会开线。

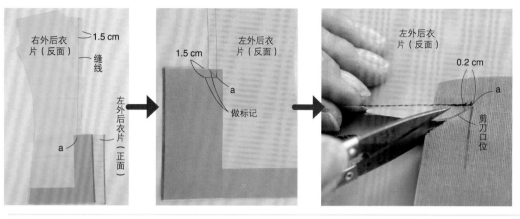

右外后衣片（反面）
1.5 cm
缝线
左外后衣片（正面）
a

1.5 cm
左外后衣片（反面）
a
做标记

左外后衣片（反面）
0.2 cm
a
剪刀口位

③ 缝制门襟和里襟的下摆线

把右外衣片和门襟的正面朝里对齐，缝制下摆线。

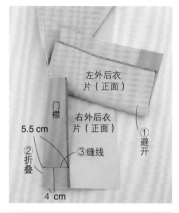

左外后衣片（正面）
门襟
右外后衣片（正面）
5.5 cm
②折叠
③缝线
①避开
4 cm

把左外衣片的里襟向正面折叠，缝制下摆线。

把门襟和里襟部分的下摆线缝份剪细。

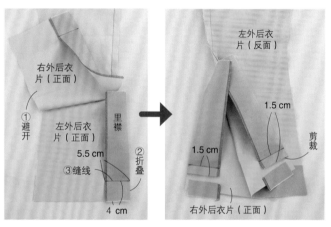

右外后衣片（正面）
①避开
左外后衣片（正面）
里襟
5.5 cm
③缝线
②折叠
4 cm

左外后衣片（反面）
1.5 cm
剪裁
1.5 cm
②折叠
右外后衣片（正面）

要点

把缝份剪细

使用厚面料时，把缝份剪细能避免看起来太厚，使完成效果干净利落。使用薄面料或者之后尺寸也许有变化时，就最好不要剪。

④ 烫开后中心线的缝份，折叠下摆线

把门襟和里襟翻回正面。烫开后中心线的缝份，用熨斗折烫下摆线。

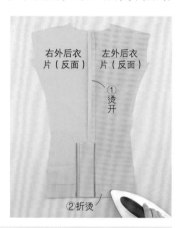

右外后衣片（反面）
左外后衣片（反面）
①烫开
②折烫

---

⑤ 把门襟和里襟缝合

在缝合处用记号笔做标记。

1.5 cm
1 cm
a
b

右外后衣片（反面）
左外后衣片（反面）
a
b
做标记
里襟

要点

门襟和里襟要斜向缝制

缝合门襟和里襟时要斜向缝制。因为比起直角缝制，斜缝对角的负担更小，缝线不容易崩坏。

⑥ 缝制里衣片的后中心线

把左里衣片和右里衣片的正面朝里对齐，缝制后中心线，一直到缝线末端（a）为止。考虑到要留座缝※，从毛边起 1.3 cm 处缝制（a 之上 2 cm 处则在从毛边起 1.5 cm 之处缝制）。

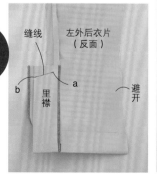

缝线
左外后衣片（反面）
b
a
避开
里襟

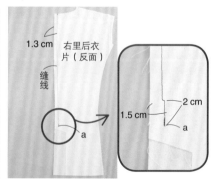

右里后衣片（反面）
1.3 cm
缝线
a
1.5 cm
2 cm
a

※ 留座缝：考虑到面部的伸展性，在里布上留余量。

留 0.2 cm 的座缝，沿着净边把缝份折向左里衣片一侧。

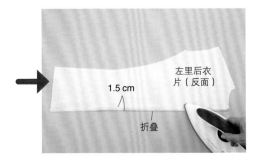

左里后衣片（反面）

1.5 cm

折叠

⑦ 折叠右里后衣片的缝份

在右里衣片的角部的缝份用记号笔做记号，剪刀口位。

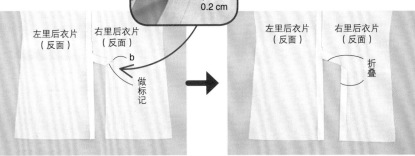

刀口位

b

0.2 cm

把右里衣片的缝份向净边折叠。

左里后衣片（反面）

右里后衣片（反面）

b

做标记

左里后衣片（反面）

右里后衣片（反面）

折叠

⑧ 把外衣片和里衣片的后中心线分缝缝合

把左外衣片和里衣片的后中心线的缝份对齐，用珠针固定。

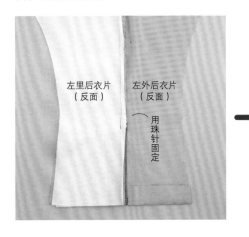

左里后衣片（反面）

左外后衣片（反面）

用珠针固定

在胸围线和腰围线之间的部分用缝纫机分缝缝合。

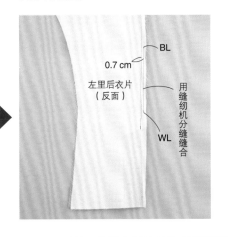

BL

0.7 cm

左里后衣片（反面）

用缝纫机分缝缝合

WL

⑨ 缝合左外衣片和左里衣片

避开右衣片，把左外衣片里襟的边缘和左里衣片的后中心线正面朝里对齐。从 a 起到下摆线的 2 cm 前为止缝合。

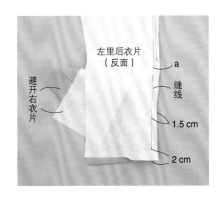

左里后衣片（反面）

避开右衣片

a

缝线

1.5 cm

2 cm

⑩ 把右外衣片和右内衣片缝合

避开左衣片，把右外衣片的门襟边缘和右里衣片的边缘正面朝里对齐。从 a 起到下摆线的 2 cm 前为止缝合。

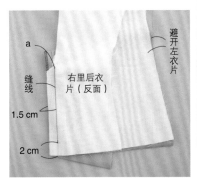

a

缝线

右里后衣片（反面）

1.5 cm

2 cm

避开左衣片

要点

不要用滴针，而是用缝纫机缝合

虽然也有用滴针法处理里衣片缝份的方法，但用缝纫机缝合能够更快完成，外表更美观。

⑪ 从 a 缝合到 b

把里襟、门襟、里衣片重叠，缝合 a、b 之间。

右外后衣片（反面）

右里后衣片（反面）

b

a

缝线

把里衣片翻回正面整理。

※ 此后要把侧衣片、前衣片缝合，但这次省略这些步骤，而只解说处理下摆线的方法。

右里后衣片（正面）

左里后衣片（正面）

翻回正面

里襟

⑫ 在外衣片的下摆滴针

避开里衣片，在外衣片的下摆间隔 1 cm 做滴针缝。

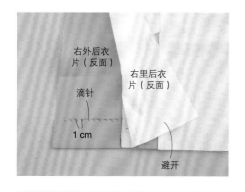

右外后衣片（反面）
右里后衣片（反面）
滴针
1 cm
避开

⑬ 折叠里衣片的下摆

把里衣片的下摆折叠 2 cm，用熨斗熨烫。

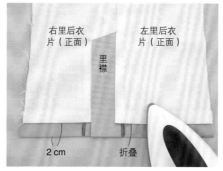

右里后衣片（正面）
左里后衣片（正面）
里襟
2 cm
折叠

⑭ 处理衣摆

考虑到要留座缝，用珠针固定里衣片的下摆线之上 1.5 cm 处。

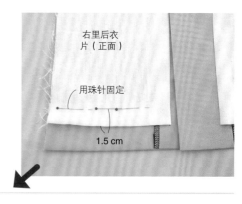

右里后衣片（正面）
用珠针固定
1.5 cm

围绕里衣片，在内侧滴针。

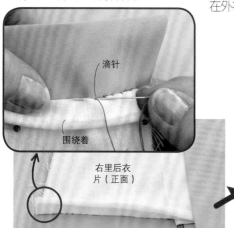

滴针
围绕着
右里后衣片（正面）

在外衣片的门襟和里襟的缝份上用三角针法缲边。

里衣片下摆线的 2.5 cm 间距内用三角针法缲边。

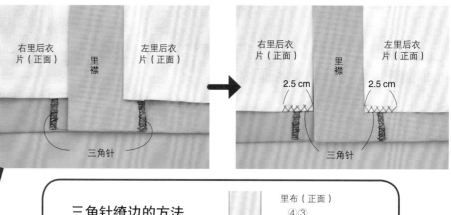

右里后衣片（正面）
里襟
左里后衣片（正面）
三角针

右里后衣片（正面）
里襟
2.5 cm
2.5 cm
左里后衣片（正面）
三角针

三角针缲边的方法

在夹克衫的下摆的门襟内侧或开衩等地方，为了让里布不露出而把起针部分固定住时用的方法。从左向右推进。

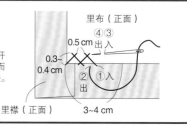

里布（正面）
0.5 cm
④③ 出
0.3～0.4 cm
②①入
出
里襟（正面）
3～4 cm

完成！

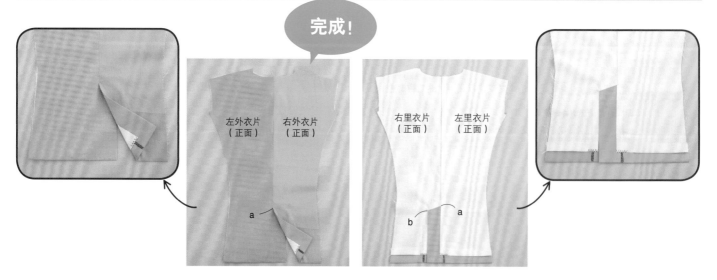

左外衣片（正面）
右外衣片（正面）
a

右里衣片（正面）
左里衣片（正面）
b
a

我是设计师系列丛书
适合稍有基础、还想有所提高的服装设计与制作的爱好者

有趣的女装纸样变化
——连衣裙

作者：野中庆子、杉山叶子（日）

定价：32.00 元

有趣的女装纸样变化
——衬衫·半裙·裤装

作者：野中庆子、杉山叶子（日）

定价：32.00 元

有趣的女装纸样变化
——夹克衫·马甲·大衣·披肩

作者：野中庆子、杉山叶子（日）

定价：32.00 元

更多缝纫、裁剪、服装设计类图书

敬请关注上海科学技术出版社实用读物编辑部

编辑邮箱　tinalikjs@163.com